KB151866

Solar Energy Projects for the Evil Genius

Mc
Graw
Hill
Education

Solar Energy Projects for the Evil Genius, 1st Edition.

1 2 3 4 5 6 7 8 9 10 HT 20 13

Original: Solar Energy Projects for the Evil Genius, 1st Edition. © 2008
        By Gavin Harper
ISBN 978-0-07-147772-7

This book is exclusively distributed by Hantee Media.

When ordering this title, please use ISBN 978-89-6421-160-1   93560

Printed in Korea

Solar Energy Project

과학영재를 위한 50가지 태양에너지 프로젝트

Gavin D.J. Harper 지음

박진남, 강광선 옮김

Mc
Graw
Hill
Education

한티미디어

박진남　경일대학교 신재생에너지학과

강광선　경일대학교 신재생에너지학과

과학영재를 위한 50가지
태양에너지 프로젝트

Solar Energy Projects for the Evil Genius, 1st Edition.

발행일 2013년 8월 20일 초판 1쇄
지은이 Gavin D.J. Harper　|　**옮긴이** 박진남, 강광선
펴낸이 김준호
펴낸곳 한티미디어　|　**주소** 서울시 마포구 연남동 570-20
등 록 제15-571호 2006년 5월 15일
전 화 02)332-7993~4　|　**팩스** 02)332-7995
ISBN 978-89-6421-160-1 93560
정 가 23,000원

마케팅 박재인 노재천　|　**관리** 김지영
편 집 오선미 박새롬 이상정　|　**디자인** 내지 이경은　|　**표지** 박새롬
인 쇄 우일프린테크

이 책에 대한 의견이나 잘못된 내용에 대한 수정정보는 한티미디어 홈페이지나 이메일로 알려 주십시오.
독자님의 의견을 충분히 반영하도록 늘 노력하겠습니다.
홈페이지 www.hanteemedia.co.kr　|　**이메일** hantee@empas.com

차례

SOLAR ENERGY PROJECTS

머리말

가빈 하퍼의 '과학영재를 위한 태양에너지 프로젝트'는 지구와 미래의 인류에 대한 최소한의 책임감을 가지고 있다면 이 지구상의 지각 있는 사람들은 반드시 읽어보아야 할 책이다.

19살의 가빈에게는 이 책이 권장도서가 되어야 마땅하겠지만, 그는 직접 저자가 됨으로써 그 한계를 뛰어넘었다. 여러분은 가빈이 이 책을 쓴 것에 대해 대단한 일이라고 생각할지 모르지만, 사실 이 책은 놀랍게도 그의 네 번째 저서이며, 그와 같은 천재에게는 어렵지 않은 일이다.

태양에너지에 대해 설명하는 것뿐만 아니라, 일반적인 용어로 태양에너지와 연관된 지식을 설명할 수 있는 능력을 가지고 있어야 할 것이다. 또한 이 과정에서 확실히 실용적으로 응용이 가능한 자작 프로젝트의 예를 포함시키는 것 또한 필요한데, 비록 청소년이지만 이 천재는 그 충분한 역량을 가지고 있다.

이 책은 '어떻게 하는지를 (how-to)'를 알려주는 책이며, 태양에너지에 대한 지식이 수 십 년 전의 낡은 것이라는 미신을 뒤집고자 한다. 또한 같은 태양 아래 살고 있는 모든 교실에 알리고자 하는 것이다.

이 책을 완전히 이해하고, 여러분의 태양광 전등을 밝히자. 그리고 신으로부터의 선물인 '현재'를 즐겨 보도록 하자.

윌리 넬슨

감사의 글

어떠한 책이든지 수 많은 감사의 말들이 있으며, 이 책도 예외는 아니다. 재료의 제공, 영감과 아이디어의 제공, 많은 도움들, 그리고 이 책을 만들기 위해 필요한 모든 도움에 대해 내가 대단히 감사하게 생각하는 수 많은 분들이 있다.

우선 영국의 Centre for Alternative Technology의 고급 환경 및 에너지 과목에 관련된 직원들과 건축학 석사과정 학생들에게 대단히 큰 감사를 드리고자 한다. 나는 이 과목의 멤버들이 풍기는 열의와 열정 그리고 감동에 놀라움을 금할 수 없었다.

나는 태양광전지에 대해 조언과 도움을 준 그렉 스메스타드 박사께도 큰 감사를 드리고자 한다. 스메스타드 박사는 선구적인 연구를 수행하고 있으며, 실험실에서의 주제를 다양한 연령대의 젊은 과학자들이 흥미를 느낄 수 있는 용이한 실험으로 제공해 주었다. 또한 NASA의 Dryden 비행연구센터의 알란 브라운에게도 15장의 태양광 비행에 대한 자료를 제공해 주신 데 대해 감사를 드리고자 한다.

Dulas 회사의 벤 로빈슨에게도 큰 감사를 드려야겠다. 그는 여러 가지 그림들을 제공하였으며, 어떻게 지속 가능하고 윤리적인 회사가 가능한지를 내게 보여주었다.

또한 휴버트 스타이어호프씨에게도 태양에너지를 이용한 스털링 엔진에 대한 아이디어를 제공해주신 데 대해 감사를 드린다. 그리고 쟈밀 샤리프씨의 스털링 엔진에 대한 조언과 지속적인 격려에도 감사를 드린다.

여러 가지 태양광 설비에 대해 조언을 해주신 SolarCentury 회사의 팀 고드윈씨와 올리버 실베스터-브래들리씨 그리고 Schuco 회사의 앤드류 해리스씨에게도 감사를 드린다.

Solarbotics 회사의 데이브와 셰릴 흐린키브 그리고 레베카 보즈먼씨에게 태양광으로 작동되는 소형 로봇에 대한 지식을 공유해 주시고, 이 책의 뒷부분에 있는 할인 쿠폰을 제공한 것에 대해 무한한 감사를 드린다. 이 쿠폰을 이용하면 Solarbotics회사의 상품을 좀 더 저렴하게 즐길 수 있을 것이다.

Fuelcellstore.com의 케이 라르슨씨, 퀸 라르슨씨, 매트 플러드씨 그리고 제이슨 버치씨에게도 연료전지에 대한 조언을 해주고, 연료전지 실험을 위한 장비를 제공해 주신 데 대해 큰 감사를 드리고자 한다. 그리고 연료전지에 대해 배우는 동안, 항상 주변을 맴돌았던 말썽꾸러기 고양이 H2에 대해서도 이야기해 두고 싶다.

그리고 Pacific Biodiesel회사의 애니 넬슨씨, 밥씨 그리고 켈리 킹씨에게도 바이오 디젤에 대해 배울 수 있는 기회를 주신 것에 대해 많은 감사를 드리고자 한다.

Home Power 잡지사의 마이클 웰츠씨에게도 감사를 드리며, 5장에서 보게 될 태양광으로 작동되는 환상적인 제빙기를 디자인해 준 하로슬라브 바넥씨, 마크 "모쓰" 그린씨 그리고 스티븐 바넥씨에게도 감사를 드린다. 이 태양광 제빙기는 이미 개발도상국에서 그 유용한 가치를 입증하였으며, 만약 여러분이 이것을 가정에서 만들어 사용하고 에어컨과 냉장고를 끈다면 선진국에서도 엄청난 가치가 있을 것이다.

잡동사니들로 지저분한 이층을 보면서도 인내를 가지고 참아주신 할아버지와 그것에 대해 듣고서도 그냥 넘어가 주신 할머니께도 큰 감사를 드린다. 그리고 견딜 수 있는 한도 내에서 그 잡동사니들을 보관할 수 있도록 참아 주고, 필요할 때에 비밀을 지켜 준 엘라에게도 감사를 드린다. 늦었지만 아버지께도 감사를 드립니다. 아버지는 언제나 무언가를 만들 때 실질적인 조언을 하는데 있어서 무한한 도움을 주셨습니다. 그리고, 제가 랩탑 컴퓨터에 매달려 일을 하고 있는 동안에도 언제나 먹을 것을 챙겨주신 어머니께도 감사를 드리고자 합니다.

이 책을 발간하기 위해 시련과 고난을 겪으면서도 훌륭히 작업해 준 뉴욕에 있는 환상적인 편집자인 주디 바스씨에게도 한없는 감사를 드리고 싶습니다. 그리고 교정과정에서 언제나 침착하고 한결같은 안정감을 제공해 주신 엄청난 능력의 소유자인 앤디 박스터씨 (그리고 Keyword에 있는 나머지 팀원들)에게도 감사를 드립니다.

옮긴이 머리말

이 책은 21세기에 들어서면서 에너지의 고갈을 해결할 수 있는 신재생에너지로 부각되고 있는 태양에너지를 이용하는 여러 가지 방법에 대해 소개하고 있다. 이 책의 저자인 가빈 디제이 하퍼는 20대 이전의 젊은 나이지만, 여러 가지 하이테크 기술에 대한 광범위한 지식을 가지고 있으며, 또한 젊은이의 눈높이에 맞추어 하이테크 기술을 소개하는 데 매우 능숙하다. 이 책에 소개된 50개의 태양에너지 프로젝트는 태양의 특성, 태양광 활용, 태양열의 활용, 태양광 전지의 원리 및 설치와 응용, 태양광 자동차 등 다방면에서의 태양에너지의 활용에 대해 소개하고 있다.

원서의 제목은 'Solar Energy Projects for the Evil Genius'로서 태양에너지를 실생활에 응용하고자 하는 사람들을 대상으로 손쉽게 읽고 실천할 수 있도록 서술되어 있다. 또한 보다 과학적인 지식을 얻고자 하는 사람을 위한 설명도 포함되어 있으므로 필요에 따라 선택적으로 읽는 것도 좋은 방법이다. 처음부터 순서대로 공부하듯이 읽을 필요는 없으며, 관심있는 부분을 하나 둘씩 읽다 보면 결국은 전체를 읽게 될 것이다. 또한 다양한 참고자료를 제공하고 있으므로, 더 깊은 내용을 알고 싶은 독자는 참고자료를 찾아서 읽어보기를 권한다. 이 책 끝부분의 부록에는 각각의 프로젝트와 관련된 다양한 물품의 판매처 목록을 소개하였는데, 만약 외국의 업체라 해외주문이 곤란하다면 국내에서 유사한 물품을 구입하여 실험하도록 하여야 할 것이다.

이 책의 번역에 있어, 최대한 국내 실정을 고려하고 독자들이 이해하기 쉽도록 번역하고자 노력하였으나, 여전히 미진한 부분이 있으리라 생각된다. 이 부분에 대해서는 독자 여러분의 양해를 구하며, 또한 이 책을 통해 무한정으로 제공되는 신재생에너지원인 태양에너지에 대한 독자 여러분의 관심과 이해가 깊어지기를 기대한다.

마지막으로 태양에너지와 같은 신재생에너지에 대한 관심을 가지고, 이 책의 번역을 흔쾌히 수락해 주신 한티미디어 출판사와 이 책이 출간되기까지 많은 도움을 주신 분들께 감사를 드립니다.

역자 일동

SOLAR ENERGY PROJECTS

CHAPTER **1**

왜
태양에너지인가?

··· 현재의 에너지

매일의 일상에서 우리는 엄청난 양의 에너지를 소모하고 있으며, 우리의 생활은 계속적으로 천연자원과 에너지를 소모하는 것과 같이 소비 위주로 흘러가고 있다.

이러한 에너지의 분야별 소모량은 그림 1-1에 나타나 있다.

이 그림은 영국의 생활양식에 따른 것이지만, 대부분의 선진국의 국민들은 비슷한 생활양식을 가지고 있다.

에너지 소비의 대부분은 난방에 사용되고 있으며, 이는 58 %에 달한다. 이러한 난방에너지는 패시브 태양열설계를 통해 공급할 수도 있다.

다음은 온수인데, 이는 24 %의 에너지를 소모한다. 우리는 이 책에서 얼마나 손쉽게 태양에너지로 온수를 만들 수 있는지 보게 될 것이다.

앞으로부터 태양에너지 기술을 이용하여, 현재 우리가 사용하는 에너지의 82 %를 대체할 수 있음을 알 수 있다.

다음으로 13 %의 에너지는 조명과 가전기기를 위한 전기에너지의 생산을 위해 필요하다. 10장에서는 태양광발전에 대해 다루게 되는데, 이는 이산화탄소의 배출 없이 태양에너지를 바로 청정 전기에너지로 변환되게 한다.

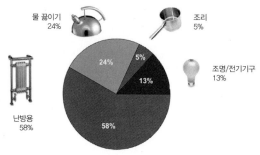

그림 1-1 영국의 에너지 사용 현황. DTI에서 출간한 "Energy Consumption in the United Kingdom"에서 발췌하였으며 이 자료는 www.dti.gov.uk에서 다운로드 가능함.

마지막으로 5 %는 조리를 위해 사용된다. 우리는 이 책에서 태양에너지를 이용해서 조리하는 것 또한 보게 될 것이다.

💬 왜 태양에너지인가?

이에 대한 간단한 대답은, "태양에너지를 제외하면 무엇이 있는가?"이다. 태양에너지는 청정하고, 공짜이며, 모든 면에서 최상의 에너지원이다. 또한 앞으로 50억년 동안은 지속적으로 이용이 가능하다. 만약 언젠가 태양이 꺼지게 된다면, 그 때 나는 선글라스를 끼고 태양을 구경하기보다는 땅 속에 묻혀 있을 것이다.

조금 더 길고 설득력 있는 대답은 이 장의 나머지를 읽어보면 알게 될 것이다. 마지막으로 나는 여러분 모두가 태양에너지의 사용자가 되어서 이 놀랍고, 친환경적이며, 지구를 살리는 기술을 환상적으로 이용하는 방법을 생각해 보기를 희망한다.

북미지역을 예로 들어 보면, 실제 태양에너지원이 그림 1-2와 같이 분포하고 있음을 알 수 있다. 대부분 서부지방에 많은 양이 집중되어 있지만, 미국의 나머지 지역에도 충분한 양의 태양에너지가 공급되고 있다.

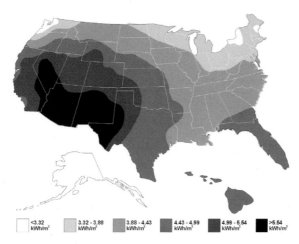

그림 1-2 북미의 태양에너지 자원. 미국 에너지성의 양해 하에 게재.

3

💬 재생에너지와 비재생에너지의 비교

현재 우리가 사용하는 대부분의 에너지는 천연가스, 석탄, 석유와 같은 화석연료로부터 얻어지고 있다. 화석연료는 탄화수소로 이루어져 있으며, 화학적 구조를 살펴보면 수소와 탄소 원자로 구성되어 있다. 탄화수소가 가열에 의해 공기 중의 산소와 결합하게 되면, 발열반응(열이 발생)을 하게 된다. 이러한 열은 매우 유용하여, 그 자체로 에너지로 사용되거나 기계적 또는 전기적 에너지로 변환되어 다른 일을 하는 데 사용되기도 한다.

💬 화석연료는 어디서 오며, 더 많이 구할 수 있는가?

그 답은 문제의 '화석'이라는 단어에 이미 있다. 화석연료라는 단어는 그것들이 아주 먼 과거의 동물이나 식물의 잔해로부터 생성되었음을 뜻한다. 이러한 화석연료의 생성은 약 3억 6천만년에서 2억 8천 6백만년 전의 고생대의 석탄기에 일어났다. 이 시기에 육지는 커다란 양치식물과 무성한 초록빛 숲으로 뒤덮였고, 바다는 조류들로 가득 차 있었으며, 아마도 이 당시의 지구는 작은 녹색 별이었을 것이다.

비록 6천 5백만년 전의 티라노사우루스가 지배하던 백악기 시절에도 약간의 석탄이 생성되기는 했지만, 대부분의 화석연료는 석탄기에 생성되었다.

💬 화석연료가 생성되려면 무슨 일이 일어나야 하는가?

고생대의 식물이 죽은 후, 오랜 시간 동안 돌과 퇴적물의 층 그리고 많은 유기물들이 이 탄소가 풍부한 침적물층 위에 계속 쌓이게 된다. 오랜 시간 동안, 이러한 층에서 발생한 고압과 고온에 의해 유기물의 잔해는 압축되게 된다.

💬 화석연료에 대한 우려는 최근에 시작되었는데-대비할 시간이 있는가?

애초의 가정이 정확하지 않다. 이미 오래 전부터 화석연료 시대의 종말을 예견한 사람들이 있었으며, 산업혁명이 한창인 시대에도 오거스틴 무셰는 화석연료가 산업혁명을 무한정 지속시킬 수 있을지에 대해 의구심을 품었다.

"최종적으로 산업계는 더 이상 유럽에서의 엄청난 확장을 충족시킬만한 자원을 찾을 수 없을 것이다. 석탄이 모두 소비되고 나면, 산업계는 무엇을 할 수 있을 것인가?"

💬 화석연료의 배출

상당히 충격적인 내용을 담고 있는 그림 1-3을 살펴보자. 이 그림은 지난 1세기 동안에 화석연료에 의한 배출이 얼마나 급격하게 증가하였는지를 보여주고 있다. 이렇게 엄청나게 배출된 대기 중의 이산화탄소는 지구의 환경시스템의 미묘한 균형에 심각한 영향을 미쳐서 결국은 엄청난 기후변화를 초래하게 될 것이다.

💬 허버트 정점과 피크 오일

1956년에 미국의 지질물리학자인 마리온 킹 허버트는 미국석유협회에 논문을 제출하였다. 이 논문에서 허버트는 미국에서의 석유생산량은 1960년대 말이 정점이 될 것이며, 전 세계의 석유생산량은 2000년에 정점을 찍을 것이라고 제시하였다. 실제로 미국에서는 1970년대 초에 석유생산의 정점에 도달하여, 위의 가설과 비교적 일치하는 경향을 보여주었다. 전 세계의 석유생산 정점 (피크 오일, Peak oil)에 대한 예측은 매우 심각한 경고를 주고 있다.

이론에 따르면 시간의 경과에 따른 화석연료의 생산은 종 모양의 곡선을 따르는데, 처음에는 서서히 증가하다가, 기술이 일정 수준 이상이 되면 급격히 증가하고, 생산

비용의 증가에 따라 석유 생산량이 일정한 수준을 유지하게 된다. 석유 채굴 비용이 증가함에 따라 생산량은 한계에 도달하게 되고, 그 이후의 생산량은 빠르고 급격하게 감소하게 된다. 이는 그림 1-4와 같다.

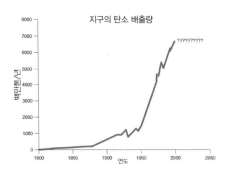

그림 1-3 화석연료에 의한 탄소배출량의 증가 추세.   그림 1-4 피크 오일의 시나리오.

이는 이미 피크 오일을 지나서, 화석연료의 생산량이 줄기 시작했다는 것을 뜻한다. 우리가 얼마나 오랫동안 화석연료에 의지할 수 있을까를 생각해 보면, 멀지 않은 시기에 우리의 생활방식에 큰 변화가 생기는 시기가 올 것임을 알 수 있다.

💬 석유 생산의 정점을 지났다면, 그 근거는 어디에 있는가?

국제에너지기구(IEA, International Energy Agency)는 전 세계 48개의 대형 유전 중 33개의 유전에서의 생산량이 감소했다고 발표하였다. 이를 보면 이미 정점을 지난 것으로 판단된다.

석유 생산에 정점이 있다면, 석탄 생산의 정점, 천연가스 생산의 정점, 우라늄 생산의 정점도 있지 않을까? 왜냐하면 이러한 모든 자원들은 그 매장량이 유한하기 때문이다.

이러한 사실은 핵발전에 대한 대규모의 투자를 지지하는 사람들에게는 충격적일 수도 있다. 많은 사람들은 화석연료가 고갈된 빈 자리를 핵발전이 메울 수 있다고 생각하고 있다. 하지만 핵발전에 대한 의존도가 높아지게 되면, 우라늄의 소비속도는 현저히 증가하게 될 것이다.

💬 핵발전의 더 많은 문제점들

핵발전은 많은 위험요소를 가지고 있으며, 핵발전이 안전하다고 이야기하는 것은 어느 정도 주관적인 주장을 포함하고 있다. 핵발전소는 테러범에게는 좋은 대상이 될 수 있으며, 만약 청정하고 안전한 세상을 원한다면 핵발전은 그리 좋은 대안은 아니다.

핵발전은 경제성 측면에서도 좋지만은 않다. 핵발전 업계에서 발전소를 짓기 시작할 당시에, 업계는 핵발전이 '값싼 전기'의 공급을 약속하는 혁신적인 기술이라고 홍보하였다. 하지만 불행하게도, 이러한 값싼 전력은 실제로 제공되지 않았으며, 전력회사들이 핵발전에 의해 공급되는 값싼 전력에 의해 어려움을 겪은 적은 없었다. 태양광은 무한히 공급되는 자연의 선물이다. 여러분의 지붕에 태양전지를 설치한다면, 유지비용 없이도 오랜 기간 동안 여러분의 가정에 공짜로 전력을 제공해 줄 것이다.

핵발전소의 폐기 또한 큰 문제이다. 사용이 끝난 시설에 대해 어떻게 처리할지를 모른다는 것은 무시할 수 없는 중요한 문제이다. 여러분의 정원 지하에 핵폐기물 통이 묻혀있다면 어떤 기분이 들겠는가? 전 세계를 통틀어도 이러한 핵폐기물을 처리할 만한 곳은 찾기가 어렵다. 미국은 유카산을 폐핵연료의 저장소로 만들 대담한 계획을 가지고 있지만, 이러한 계획이 성공한다고 하더라도, 이는 문제의 궁극적인 해결책이 아니고 단지 문제거리를 한 군데에 모아두는 것뿐이다.

💬 환경에 대한 책임

값싸고 실용적인 우주여행의 시대가 다가오기에는 아직도 많은 시간이 필요하며, 우리에게는 단지 지구 하나만이 있다. 그러므로 우리에게는 지구를 가꿀 책임이 있다. 지구에는 아주 많은 자원이 있지만, 이것들이 고갈된다면 우리는 새로운 대체자원을 찾아야만 한다. 만약 대체자원을 찾을 수 없다면 우리는 난관에 봉착하게 될 것이다.

💬 기후 변화의 완화

기후 변화가 진행되고 있으며, 이는 인간의 작용에 의한 것이라는 것에는 대부분의 사람들이 동의하고 있다. 물론 일부 반대되는 의견을 가진 과학자들도 있는데, 이들은 기후 변화가 자연적인 것이며, 이를 막기 위해 우리가 할 수 있는 역할이 없다고 주장하고 있다. 하지만 대부분의 사람들은 우리가 최근에 겪고 있는 급격한 기후 변화는 지난 이백 년 간 인간의 활동에 기인한 것이라고 생각하고 있다.

💬 그렇다면 어떻게 태양에너지를 사용하는가?

태양에너지에 대해 생각해 보자. 우리 주변의 얼마나 많은 에너지원들이 태양에너지에 의해 직간접적으로 생성되는지 알게 된다면 대단히 놀라게 될 것이다. 그림 1-5는 지구에 미치는 태양에너지의 영향을 나타내고 있다.

이 그림에서 일어나는 작용의 근본적인 에너지는 모두 태양으로부터 얻어진다. 심지어는 지금 우리가 엄청나게 소모하고 있는 화석연료마저도 태양에너지에 기인한다. 화석연료는 동식물의 잔류물이 고온 고압 하에서 수 백년 동안 변형된 물질이다. 동물들은 식물을 먹으며, 식물은 지구상에 내려 쬐는 태양빛을 이용하여 성장한다.

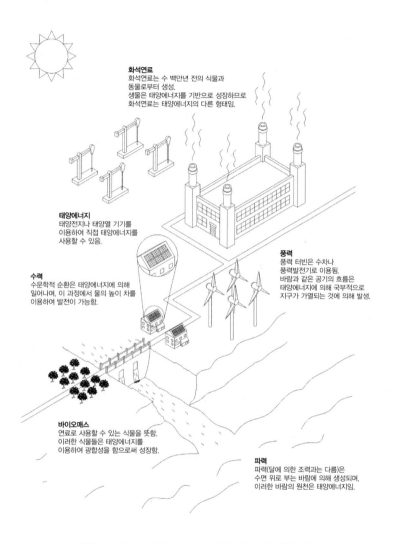

화석연료
화석연료는 수 백만년 전의 식물과
동물로부터 생성.
생물은 태양에너지를 기반으로 성장하므로
화석연료는 태양에너지의 다른 형태임.

태양에너지
태양전지나 태양열 기기를
이용하여 직접 태양에너지를
사용할 수 있음.

풍력
풍력 터빈은 수차나
풍력발전기로 이용됨.
바람과 같은 공기의 흐름은
태양에너지에 의해 국부적으로
지구가 가열되는 것에 의해 발생.

수력
수문학적 순환은 태양에너지에 의해
일어나며, 이 과정에서 물의 높이 차를
이용하여 발전이 가능함.

바이오매스
연료로 사용할 수 있는 식물을 뜻함.
이러한 식물들은 태양에너지를
이용하여 광합성을 함으로써 성장함.

파력
파력(달에 의한 조력과는 다름)은
수면 위로 부는 바람에 의해 생성되며,
이러한 바람의 원천은 태양에너지임.

그림 1-5 에너지 자원. 크리스토퍼 하퍼의 양해 하에 게재.

그러므로 바이오매스는 태양에너지의 결과물이며, 이 과정에서 바이오매스는 대기 중의 이산화탄소를 흡수한다. 우리가 바이오매스를 태우는 것은 흡수한 탄소를 다시 대기 중으로 방출하는 것에 해당하며, 이러한 관점에서 보면 바이오매스의 이용에서의 탄소배출은 가공과 운송에 의해서만 발생한다.

수력발전을 보면, 낙하하는 물과 태양의 관계가 무슨 상관인지 의아할 수도 있겠지만 태양에 의한 물의 순환과정을 생각해 보면 명확히 이해가 될 것이다. 그러므로 수력발전 또한 근본적으로는 태양에너지에 의해 작동됨을 알 수 있다.

풍력은 태양에너지와 무관해 보일 수도 있다. 하지만 바람은 기압이 높은 곳에서 기압이 낮은 곳으로의 공기 이동현상이며, 이러한 기압의 차이는 공기를 가열하는 태양에너지에 기인한다. 따라서 풍력발전 또한 태양에너지에 의해 작동됨을 알 수 있다.

조력발전만은 태양에너지와 무관하다. 왜냐하면 해안에서의 조수는 달이 미치는 중력에 의해 지구를 덮고 있는 바닷물이 부풀어 오르기 때문에 발생하기 때문이다. 하지만 파력발전을 위한 파도는 수면 위를 부는 바람에 의해 생성된다. 여러분은 바람이 태양에너지에 기인하고 있음을 이미 알고 있을 것이다.

💬 지금 우리가 사용하는 에너지는 어디서 얻어지는가?

대부분의 서구 국가를 대표할 수 있는 미국이 사용하는 에너지가 어디서 오는지 살펴보자. 그림 1-6에 나와 있는 미국의 에너지 소모량을 살펴보면, 대부분의 에너지는 화석연료로부터 얻어짐을 알 수 있다. 이는 중동과 같은 외부 산유국에서의 화석연료의 수입에 의존하는 탄소-집중의 경제 형태이다. 불행하게도 이러한 현실은 미국이 외부로부터의 석유 공급에 의존하게 만들고 있으며, 이는 물론 정치적으로도 바람직하지 않은 상황이다. 다음으로 미국 전력생산의 7 %를 차지하는 수력발전을 살펴보자. 대부분의 알루미늄 제련소는 수력발전소 주변에 위치하고 있는데, 이는 수력발전에 의한 전력이 싸고 풍부하기 때문이다. 마지막으로 기타가 5 %의 비중을 차지하고 있다.

기타는 태양광발전, 풍력발전, 조력발전, 그리고 파력발전 등을 포함한다. 우리의 화석연료 의존도를 낮추고, 지속 가능한 에너지 사회를 위해서는 이러한 기타 부분을 성장시켜야 할 것이다.

이 책은 특히 태양에너지 자원의 활용에 초점을 맞추고 있다.

핵발전에 대해 옹호하는 측에서는 핵발전이 '탄소중립'이라고 주장하고 있다. 물론 핵발전소 자체는 탄소를 배출하지 않지만, 이 주장은 발전소의 건설, 연료의 이송, 핵발전소의 폐기 등을 위해 들어가는 막대한 에너지를 고려하지 않고 있다. 이러한 모든 에너지는 탄소 배출의 대가로 얻어진다.

그러므로, 결국 우리에게 남아있는 대체에너지원은 수력과 기타이다.

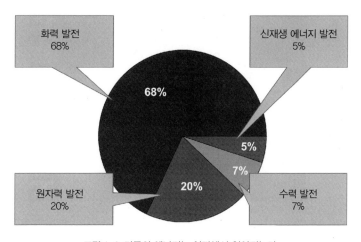

그림 1-6 미국의 에너지는 어디에서 얻어지는가.

수력발전소의 건설에는 한계가 있다. 수력발전은 물을 많이 저장할 수 있는 곳이 필요하며, 계곡이나 분지와 같은 지형학적인 요소에 크게 좌우된다. 또한 수력발전소가 건설되는 지역은 대규모의 댐 건설에 의해 침수가 발생하므로, 환경생태계에 대한 손상이 우려된다.

소수력발전은 흥미로운 대체에너지원이다. 넓은 지역을 침수시키지 않더라도, 작은 강이나 개천을 이용하여 작은 댐을 만들어 소수력발전을 할 수 있다. 또한 이는 큰 수력발전소처럼 대규모 설비를 요구하지도 않는다. 소수력발전은 비록 대량의 발전은 하지 못하지만, 충분히 주목할 만한 가치가 있는 에너지원이다.

💬 이러한 모든 것은 새로운 것인가?

전혀 아니다! 우리가 이 책에서 몇 번 언급하게 될 오거스틴 무셰는 1879년에 다음과 같이 이야기하였다.

"현대의 저술들에서 부각되지 않더라도, 우리는 기계 작동을 위해 태양열을 이용한다는 것이 최근의 아이디어라는 주장을 믿어서는 안 될 것이다."

CHAPTER **2**

SOLAR ENERGY PROJECTS

태양에너지

💬 태양

태양은 지구에서 약 1억 5천만 km 떨어져 있으며, 이는 초속 30만 km의 광속으로 약 8.31분이 걸리는 거리이다. 만약 시속 800 km의 비행기를 타고 미국을 횡단한다면 4시간이 걸릴 것이다. 하지만 광속으로 이동한다면 1초에 지구를 7바퀴 반을 돌 수 있다. 광속으로 8.31분을 이동한다면, 어느 정도의 거리인지 상상이 되는가?

태양은 이렇게 멀리 떨어져 있을 뿐만 아니라, 그 크기도 상당히 커서, 그 직경이 139만 2천 km에 달한다.

태양이 엄청나게 멀리 떨어져 있기는 하지만, 그 크기 또한 거대하다! 비록 태양에너지의 극히 일부가 우리에게 도달하지만, 그 양은 지구상의 인류가 1년간 소비하는 에너지의 10,000배에 해당한다. 지구상에는 1 평방미터마다 평균적으로 매년 1,700 kWh에 해당하는 태양에너지가 공급된다.

우리에게 이렇게 엄청난 양으로 지구로 쏟아지는 에너지원이 있는데도, 지구표면을 수 km나 파내려 가서 검은 색 돌이나 냄새 나는 검은 색 액체를 캐 내는 것이 어리석다고 생각되지 않는가?

태양에너지는 먼 거리를 거쳐 지구로 오게 된다. 이 과정에서 19 %의 에너지는 지구를 둘러싼 대기층에서 흡수되고, 33 %의 에너지는 구름에 의해 흡수된다.

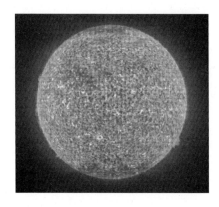

그림 2-1 태양. NASA의 양해 하에 게재.

일단 태양에너지가 지표면에 도달하게 되면, 도달한 에너지의 일부분은 에너지의 변환과정에서 손실이 되고, 우리는 원하는 형태의 변환된 에너지를 얻게 된다.

💬 태양은 어떻게 유지되는가?

태양은 거대한 핵반응기로 생각될 수 있다. 바로 옆에 이렇게 거대한 핵반응기가 있는데, 다른 핵반응기를 또 건설하는 것은 앞뒤가 맞지 않는 이야기로 들린다.

태양은 지속적으로 매분 매초마다 수소를 헬륨으로 변환시킨다. 그렇다면 무엇이 태양이 핵폭탄처럼 폭발하는 것을 막고 있을까? 그 답은 중력이다. 태양은 내부에서 일어나는 반응의 에너지에 의해 팽창하고자 하는 힘과 엄청난 질량에 기인한 내부로 수축하고자 하는 중력이 서로 경쟁하고 있다.

태양 내부의 모든 원자들은 서로 끌어당기고 있으며, 이는 엄청난 힘으로 태양을 내부로 찌그러뜨리고자 한다. 반대로 핵반응에 의해 방출된 막대한 열과 에너지는 엄청난 힘으로 내부에 있는 것을 외부로 방출하고자 한다. 다행스럽게도, 이 두 힘은 그 균형이 이루어져 있으며, 따라서 태양은 항상 일정한 상태를 유지하고 있다.

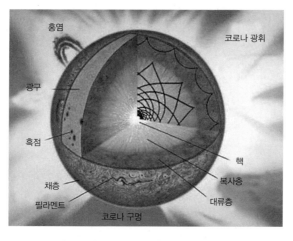

그림 2-2 태양의 구조. NASA의 양해 하에 게재.

💬 태양의 구조

그림 2-2는 태양의 구조를 나타낸다. 태양의 중심으로부터 외부를 살펴보면, 중심 부분에는 핵이 있으며, 그 밖은 복사층, 대류층, 광구, 채층, 코로나로 이루어져 있다.

핵(Core)

태양의 핵은 핵융합이 잘 일어날 수 있는 두 가지의 성질을 가지고 있다. 하나는 1,500만 도에 이르는 고온이며, 또 하나는 엄청나게 높은 압력이다. 이 두 가지 조건에 의해 핵융합 반응이 일어나게 된다.

핵융합 반응은 수소원자 네 개가 서로 뭉쳐져서 헬륨 1개가 생성되는 반응이다.

핵융합 반응의 생성물은 두 가지인데, 하나는 고에너지 광자인 감마선이고 나머지는 전하가 없고, 질량도 거의 0이어서 아직까지도 정확히 이해되지 못하고 있는 중성미자이다.

복사층(Radiative zone)

핵의 바깥쪽은 복사층이다. 이 층은 복사가 주로 일어나기 때문에 복사층으로 불린다. 복사층의 온도는 1,000만~1,500만 도로 상대적으로 낮다.

복사층의 특이한 점은 복사층을 지나서 다음의 대류층으로 광자가 이동하는데 수백 만년이 걸린다는 사실이다.

대류층(Convective zone)

이 층에서는 광자가 대류의 형태로 이동하게 된다. 고등학교에서 배웠던 물리를 기억해 보면 대류는 저온 저압의 구역으로 유체가 이동하는 현상이다. 대류층과 복사층의 경계면의 온도는 수 백만 도이지만, 대류층의 외곽은 겨우 6,000도 정도이다.

광구(Photosphere)

다음 번 영역은 광구이며, 이 부분이 우리가 태양에서 눈으로 보는 부분이다. 이 부분의 온도는 5,500도 정도이며, 태양의 구조를 볼 때 상대적으로 아주 얇은 층이지만, 그 두께는 480 km에 달한다.

채층(Chromosphere)

채층은 수 천 km의 두께를 가지며, 그 온도는 부분에 따라 6,000도에서 50,000도까지 가능하다. 채층은 여기된 고에너지 상태의 수소로 가득 차 있으며, 이는 가시광선의 적색파장 부분에 해당하는 빛을 방출한다.

코로나(Corona)

코로나는 태양의 최외각 층으로서 우주로 수 백만 km나 뻗쳐 있다. 이 부분의 온도는 매우 뜨거워서 수 백만 도에 달한다. 그림 2-2에 몇 가지의 태양의 표면 특성이 나타나 있는데, 그림 2-3에서 더욱 자세히 보게 될 것이다.

태양의 특성

이제까지는 태양 내부의 구조에 대해 살펴보았다. 태양의 표면에서 어떤 현상이 일어나는지, 코로나의 바로 바깥에서는 어떤 현상이 일어나는지 살펴보자.

코로나의 구멍은 태양의 자기장이 있는 곳에 형성된다. 홍염으로 알려져 있는 태양에서의 폭발은 코로나의 구성 물질이 우주로 대규모로 방출되는 현상이다. 자기장 고리는 이렇게 물질이 우주로 방출되는 것을 지연시킨다. 극지방의 깃털무늬는 태양 표면에서 흘러나오는 작고 얇은 흐름들이 뭉쳐진 것이다.

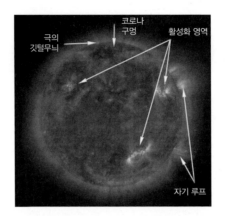

극의
깃털무늬

코로나
구멍

활성화 영역

자기 루프

그림 2-3 태양표면의 특성. NASA의 양해 하에 게재.

지구와 태양

이상으로부터 태양 내부에서 일어나는 현상에 대해서 알게 되었다. 이제는 태양광이 우주공간을 통해 지구에 도착하기까지 어떤 일이 일어나는지 살펴보자.

지구 대기권의 외각에서는 어떠한 곳이든지, 태양에서 방출된 에너지는 일정한 값을 가진다. 하지만 지표에서는 다음과 같은 조건들에 따라 도달한 태양에너지의 양이 다르다.

• 우주 공간에서의 지구의 위치 변화

• 지구의 자전

• 지구의 대기권 (기체들, 구름, 먼지)

대기권의 기체는 상대적으로 안정된 상태로 존재한다. 하지만 최근에는 대기 중의 공해물질 증가로 인해 지구 표면에 도달하는 태양광의 양이 점진적으로 감소하고 있으며, 특히 화석연료의 사용으로 인해 배출되는 분진은 태양에너지가 지표까지 도달하는 것을 막는다.

구름은 일시적인 현상이며, 지구상의 이곳 저곳을 이동한다.

지구와 공전궤도를 생각할 때, 지구의 자전축이 태양에 대해 어떻게 기울어져 있는 지 이해하고 있어야 한다. 지구가 일정한 속도로 자전하고 있으므로, 지구의 공전 궤도 상에는 지구상의 특정한 지점에 태양이 더 오랫동안 비추는 지점이 생기게 된 다. 이는 자전축이 기울어짐에 따라 특정한 지역에 태양빛이 비추는 시간이 더 길어 지기 때문이며, 또한 이 지역은 태양과의 거리도 조금 더 가까워지게 된다. 이는 지 구상에 계절이 생기는 원인이기도 하다. 그림 2-4는 지구의 공전에 따른 북반구의 계절변화를 나타내고 있다.

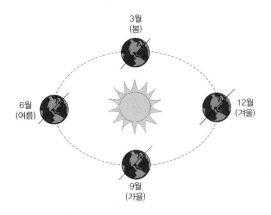

그림 2-4 지구의 공전에 따른 태양의 위치와 북반구의 계절.

태양이 하늘을 일주하므로, 태양광 장치의 설계에 있어 태양의 이동을 고려하는 것 이 필요하다. 그림 2-5는 계절에 따라 변하는 태양의 위치에 따라 최대한의 태양광 을 받기 위해서 지표상의 평평한 판이 움직여야 하는 방법을 보여주고 있다. 여름철 에는 태양의 고도가 높으므로 판을 눕혀야 하고, 겨울철에는 태양의 고도가 낮으 므로 판을 약간 세우는 것이 유리하다.

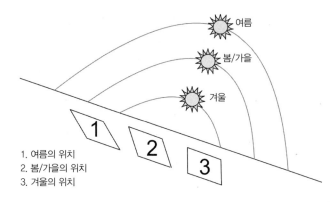

1. 여름의 위치
2. 봄/가을의 위치
3. 겨울의 위치

그림 2-5 계절에 따른 태양의 일주 위치의 변화.

💬 어떻게 태양에너지를 획득할 것인가?

우리 주변의 거의 대부분의 에너지는 태양에 기인한다는 사실을 명심하자.

➖ 태양광/태양열

태양광 또는 태양열을 직접 활용하는 기술은 태양에너지를 유용한 에너지원으로 전환하는 가장 직접적인 방법이다.

➖ 풍력

태양으로부터 지구에 도달한 열에너지는 대기권에 대류현상을 일으키며, 이에 의해 고기압과 저기압 지역이 발생하게 된다. 그 결과로 공기가 여기 저기로 이동하는 현상인 바람이 불게 되는데, 우리는 풍차나 풍력터빈 등을 이용하여 이를 기계에너지나 전기에너지로 변환시킬 수 있다.

수력

태양의 열에너지는 지구상에서 물의 순환을 일으키는 동력이 된다. 물의 순환은 크게는 물의 증발, 증발한 물이 형성한 구름으로부터의 강우, 지표상에서의 물의 이동으로 이루어져 있다. 태양의 열에너지는 해수면에 있는 물을 고지대로 이동시키는 작용을 한다. 우리는 댐을 이용하여 고지대에 물을 저장할 수 있고, 이 물을 수력터빈을 통해 흘림으로써 물의 위치에너지를 전기에너지로 변환시킬 수 있다.

바이오매스

화석연료를 직접 태우는 것 대신에, 화석연료를 대체할 수 있는 에너지원으로 활용할 수 있는 작물들을 경작할 수도 있다. 나무는 바이오매스로서 장작을 제공하고, 사탕수수는 내연기관의 연료인 휘발유의 대체가 가능한 바이오 에탄올의 생산이 가능하다. 작물로부터 얻어진 기름은 직접이나 개질을 통해 바이오 디젤로의 전환이 가능하며, 이는 디젤엔진의 연료로서 사용이 가능하다. 이러한 모든 작물들의 성장은 태양에 의해 가능하며, 이 또한 태양에너지의 활용이다.

파력

파력은 물의 표면에서 부는 바람에 의해 발생한다. 바람은 태양에너지에 의해 발생하므로 파력 또한 태양에너지에 기인한다. 파력과 조력은 구분되어야 하며, 썰물과 밀물을 일으키는 조력은 달의 중력에 의해 발생한다.

화석연료

화석연료가 태양에너지의 다른 형태라는 것을 환경론자로부터 들어본 적은 별로 없을 것이다. 하지만 생각해 보면, 화석연료는 실제로는 청정에너지인 태양으로부터 얻어진 것이다. 왜냐하면 석유, 천연가스, 석탄 이 모두는 식물들이 수 백만년 동안 변화한 것이기 때문이다. 여기에서 수 백만년이 문제가 되는데, 왜냐하면 우리가 지금의 속도로 화석연료를 소비하면, 수 백만년 동안 쌓아온 화석연료는 곧 바닥이 날 것이고, 화석연료가 다시 만들어지려면 지금으로부터 수 백만년의 시간이 필요하기 때문이다. 그러므로, 화석연료가 태양에너지의 산물이기는 하지만 그 사용에 있어서는 주의를 기울여야 한다.

우리가 알다시피, 태양에너지를 회수하는 많은 방법들이 있다. 그림 2-6은 태양광발전과 풍력을 이용한 신재생에너지 발전설비를 보여주고 있다. 땅 위에 보이는 검은 색 파이프라인은 소규모 수력설비로서, 또 다른 태양에너지 회수장치이다.

이 책에서는 태양에너지를 직접적으로 회수하는 방법에 대해 다루고자 한다. 그림 2-7은 가정의 지붕에 직접 설치하여 태양에너지를 회수하는 설비를 장치한 모습이다.

그림 2-6 청정에너지를 얻기 위한 신재생에너지 발전.

그림 2-7 영국의 대체기술 연구센터의 친환경 건물의 지붕에 설치된 태양에너지 회수장치.

CHAPTER **3**

SOLAR ENERGY PROJECTS

태양 장비의 설치

하늘에 떠 있는 태양의 위치가 시간에 따라 변한다는 것은 매우 중요한 사실이다. 이는 흥미롭지만, 태양을 활용하고자 하는 사람에게는 별로 도움이 되지 못하는 현상이며, 오히려 골치거리가 된다. 우리가 태양장비를 제작하였을 때, 과연 어느 각도로 어떤 방향으로 설치해야 할까?

옛 사람들은 하늘에 떠 있는 불덩어리의 움직임을 여러 가지 자연현상과 다양한 신들 그리고 자연신과 연관짓고자 하였다. 지금의 우리는 하늘에서의 태양의 이동은 하늘에서 불타는 전차가 매일 달리는 것 때문이 아니라 지구의 자전에 따른 결과임을 알고 있다.

이 장에서는 두 가지 개념을 이해하게 될 것이다. 하나는 하루 중의 시간에 따른 태양의 위치변화이며, 나머지는 일 년 중의 계절변화에 따른 태양의 위치변화이다.

💬 하루 중 태양의 위치변화

옛 사람들은 하루 중에서 시간의 경과에 따라 태양의 위치가 변한다는 것을 알고 있었다.

이는 스톤헨지와 같은 유적지가 1년 중 특정한 시간을 나타내는 태양의 위치에 따라 만들어진 것으로부터도 알 수 있다. 따라서 태양의 위치는 시각을 알려주는 데 매우 유용하다. 이집트인들은 이 사실을 알고 있었으며, 런던, 파리 그리고 뉴욕에 전시되어 있는 클레오파트라의 첨탑은 이집트의 '헬리오폴리스'에서 유래하였다. 헬리오폴리스의 뜻은 '태양의 도시'이며, 여기에서는 태양신 숭배가 행해졌다. 이 도시는 마치 전 세계의 태양 추종자들을 위한 순례자의 종착지 같은 느낌이 들지 않는가!

이집트인들은 런던에 있는 클레오파트라의 첨탑 (그림 3-1)과 같은 오벨리스크를 세웠는데, 이는 태양의 위치에 따른 시각을 알려주는 기능을 하였다.

만약 땅에 막대기를 꽂는다면, 태양이 움직임에 따라서 그림자가 그림 3-2와 같이 변화하는 것을 볼 수 있을 것이다. 아침에는 막대기 그림자가 길고 가늘 것이다. 하

그림 3-1 클레오파트라의 첨탑-초기의 해시계?

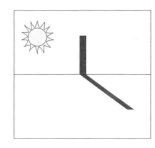  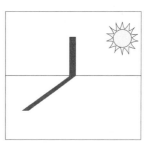

그림 3-2 하루 중의 시간에 따른 막대기 그림자의 변화.

지만 정오가 가까워짐에 따라 그림자의 방향은 변하지 않고, 길이만 짧아지게 된다. 그리고 저녁에는 다시 그림자가 길고 가늘게 될 것이다.

물론, 이는 지구의 자전이 원인이며, 지구의 회전이 우리와 태양 사이의 상대적인 위치를 변화시키기 때문이다.

우리는 이 현상을 '태양으로 작동하는 시계'에서 활용할 것이다.

💬 연중 태양의 위치변화

다음은 조금 더 이해하기 힘든 내용이다. 지구는 자전축을 따라 약간 기울어져 있으며, 365와 1/4 일 동안에 걸쳐서 태양 주위를 한 바퀴 공전한다. 그 결과로 지구상의 여러 지역들은 태양에 노출되는 시간이 달라지게 된다. 이것이 겨울의 낮이 짧고, 여름의 낮이 긴 이유이다.

북반구의 계절은 정확히 남반구와 반대로 흘러간다.

그림 3-3에서 볼 수 있듯이, 이는 지구의 자전축이 기울어져 있기 때문이며, 지구의 공전궤도 상의 위치에 따라 태양광을 오랜 시간 받는 지역과 상대적으로 짧은 시간 동안 받는 지역이 나누어지게 된다. 우리가 살고 있는 위도를 생각하면서 그림 3-3을 잘 보면 계절에 따라 태양광이 비추는 시간이 변하는 것을 이해할 수 있을 것이다.

그림 3-4는 남반구의 주택을 예로 그린 그림이다. 태양이 남쪽이 아니고, 북쪽에서 비추는 것을 알 수 있다. 북반구에서는 태양은 언제나 남쪽 하늘에 떠 있다.

이 그림은 계절의 변화에 따라 태양의 일주 경로가 어떻게 변하는지 보여주고 있다. 또한 동시에 태양 장비의 설치에 있어서 남반구와 북반구는 다른 규칙을 적용해야 함을 알 수 있다.

위의 사실들이 우리에게 실제로 미치는 영향은 무엇일까? 그것은 바로 우리가 태양을 이용하고자 한다면, 태양 장비의 위치를 태양과 최대한 마주보도록 항상 최적으로 조정하여야 한다는 것을 뜻한다.

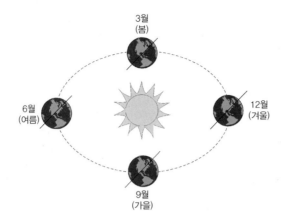

그림 3-3 지구의 공전궤도 위치에 따른 북반구의 계절 변화.

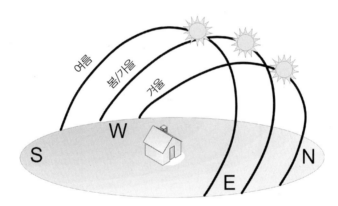

그림 3-4 계절에 따른 남반구에서의 태양의 위치 변화.

PROJECT 1

해시계 만들기

준비물

- 그림 3-5를 확대 복사한 종이
- 성냥
- 풀

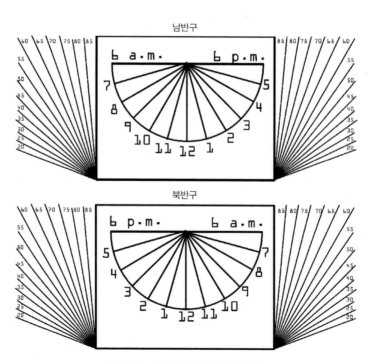

그림 3-5 해시계를 만들기 위한 도면.

필요한 도구

- 가위

웹사이트

해시계는 태양의 특성을 이해하기 위한 환상적이면서도 값싼 장치이다. 여기에 제시된 것은 수많은 해시계 중의 하나이며, 아래의 사이트들을 방문해 보면 훨씬 많은 정보를 얻을 수 있을 것이다. 일부 사이트에서는 해시계 제작을 위한 도면도 제공하고 있다.

- www.nmm.ac.uk/server/show/conWebDoc.353
- www.liverpoolmuseums.org.uk/nof/sun/#
- plus.maths.org/issue11/features/sundials/
- www.hps.cam.ac.uk/starry/sundials.html
- www.sundials.co.uk/projects.htm
- www.digitalsundial.com/product.html

바로 위의 디지털 해시계는 전기 없이도 시간을 직접 숫자로 볼 수 있는 멋진 아이디어 발명품이다.

이 프로젝트는 누구나 손쉽게 만들 수 있는 간단한 해시계 만들기이다. 그림 3-5를 확대복사하도록 하자. 튼튼한 해시계를 만들고 싶다면, 복사한 종이를 두꺼운 종이에 붙여서 만드는 것도 좋은 방법이다. 자신이 위치한 위도에 따라 남반구와 북반구 중에 하나를 골라야 하는데, 우리는 북반구를 고르도록 하자. 자신의 위도에 맞는 선을 따라 옆면을 접도록 하자.

모든 선들이 만나는 점에 성냥을 수직으로 붙이도록 하자.

해시계를 밖으로 가지고 나가서 성냥이 북쪽 방향 (남반구의 경우는 남쪽 방향)이 되도록 설치해 보자. 그림자 끝이 가리키는 지점이 현재의 시각이다. 정확한 시계의 시간과 비교해 보라. 표준시는 지역마다 임의로 정하는 것이기 때문에, 경우에 따라

서는 해시계로 측정한 시간에 한 시간을 더하거나 빼야 시계에 나타난 시간과 일치
할 것이다.

설치하는 방법

그리는 것보다 보는 것을 많이 하여야 한다는 것은 예술가에게 해당하는 법칙이지
만, 여러분이 태양 장비를 설치하는 것도 비슷하다. 태양 장비를 설치할 장소를 잘
살펴보고 주의깊게 관찰하여야 한다. 그 지형의 어떤 물체가 그림자를 드리우는지
살펴보아야 하고, 집의 어느 부분에 그림자가 많이 지는지, 태양의 고도가 계절에
따라 변하므로 계절에 따라서 그림자가 어떻게 변하는지도 알아야 한다 (그림 3-6).

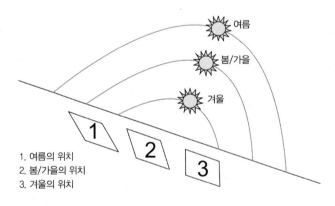

1. 여름의 위치
2. 봄/가을의 위치
3. 겨울의 위치

그림 3-6 태양 장비의 설치에 영향을 미치는 계절별 태양의 움직임.

한 계절에 그림자가 진다고 해서, 반드시 다른 계절에도 그림자가 지는 것은 아니
다. 실제로는 이러한 현상을 이용하는 것이 유리한 경우도 있다. 예를 들면, 여름에
집으로 많은 태양열이 들어오지 않지만, 겨울에는 다량의 태양열을 집 안으로 끌어
들이는 것이 적절한 그림자의 조절을 통해 가능하다.

나무에 대해 생각해 보자. 만약 낙엽수라면, 여름에는 무성한 잎으로 인해 그늘을 제공해 줄 것이고, 겨울에는 햇볕을 앙상한 가지 사이로 통과시킬 것이다. 이처럼 나무를 자연적인 햇빛 가리개로 사용할 수도 있다.

관찰에 대한 기록을 남기자. 특히 그림을 병행해서 기록을 남기면 후에 참고할 때에 큰 도움이 된다. 그림자가 지는 지역과 지지 않는 지역에 대한 상세한 기록을 노트에 남기도록 하자. 흥미로운 사실은 모두 기록하고, 날짜와 시간을 같이 기록하는 것도 잊지 말도록 하자.

일 년 중에 낮이 가장 긴 날과 가장 짧은 날은 (하지와 동지) 반드시 관찰하도록 하자. 왜냐하면 이 날들은 태양의 관찰에 있어 가장 극단적인 날이기 때문에, 매우 유용한 자료를 얻을 수 있다.

하루 중 언제 태양 장비를 사용할 것인지 생각해 두자. 이차전지를 충전하기 위한 태양광 발전기인가? 아니면 오후에 사용할 태양광 조리기인가? 하루 중 어느 때에 태양 장비를 사용할 것인지가 결정되면, 대상지 중에 어느 곳이 적합한 장소인지 파악하기가 쉽다.

어느 쪽이 북쪽 방향인지 확인해 두자. 나침반으로 확인할 수 있는 자기적인 북쪽 말고, 지형학적인 북쪽을 확인해 두자. 나침반으로 확인한 북쪽으로부터 진짜 북쪽을 찾기 위해서는 약간의 보정이 필요하다. 태양 장비를 설치할 때 북쪽과 남쪽의 방향을 정확하게 찾는 것은 매우 중요하다. 태양 장비를 북반구에 설치한다면, 차가워야 할 부분은 북쪽을 바라보게, 뜨거워야 할 부분은 남쪽을 바라보게 하여야 한다.

아침의 태양볕과 저녁의 태양볕의 차이를 생각해 보자. 차가운 아침 해를 필요로 하는 부분은 동쪽을 바라보게, 뜨거운 오후의 태양을 필요로 하는 부분은 서쪽을 바라보게 설치한다.

PROJECT 2

나만의 헬리오돈 만들기

준비물

[판지를 이용한 헬리오돈 (Heliodon)]

• 단단한 골판지 3장 (60 cm X 60 cm)

• 박스 테이프

• 할핀

[나무를 이용한 헬리오돈]

• 두께 12 mm의 MDF 또는 합판 3장 (60 cm X 60 cm)

• 피아노 경첩 60 cm

• 경첩에 맞는 납작한 나사

• Lazy Susan 회전 베어링

[두 종류에 공통으로 필요한 것]

• 클립 달린 스팟 램프

• 나무로 된 맞춤핀

• 커다란 공작용 찰흙 덩어리

필요한 도구

[판지를 이용한 헬리오돈 (Heliodon)]

- 가위

- 공작용 칼

- 각도기

[나무를 이용한 헬리오돈]

- 띠톱

- 선반용 드릴

- 전기 사포

- 각도기

이미 태양의 경로에 대한 정보는 알고 있으므로, 어떻게 태양으로부터 자연적인 채광과 난방을 얻을 것인지를 알아보도록 하자.

그림 3-3에서 계절에 따른 태양과 지구의 위치에 대해 알아보았으며, 계절에 따른 태양의 일주경로의 변화에 대해서도 알아보았다. 최적의 태양 장비를 구성하고, 태양으로부터 에너지 획득을 최대화하기 위해서는 어디서 태양이 비치고 있는지를 아는 것은 매우 중요하다.

헬리오돈은 태양으로부터 오는 빛과 지구 표면과의 상호작용을 보여주는 장비이다. 이것을 이용하면, 간단하게 태양에서 오는 빛이 건물에 부딪치는 각도를 알 수 있으며, 이로부터 그림자의 각도와 건물 내로 들어가는 빛의 경로를 측정할 수 있다.

헬리오돈은 방으로 들어오는 빛의 방향을 예상하고, 방 안의 어떠한 면이 조명을 받게 될 것인지를 파악하는데 매우 유용한 도구이며, 헬리오돈은 또한 어떤 물체가 빛의 경로를 가로막아 지나치게 그림자가 지는 것을 파악하는 데에도 아주 유용하다.

헬리오돈은 우리가 직접 눈으로 볼 수 있는 모델을 만드는 데에도 유용하다. 예를 들어, 태양광 발전판에 나무그림자가 질 경우에 복잡한 계산을 하지 않더라도 헬리오돈을 이용해서 확인하는 것이 가능하다.

이 프로젝트에서는 두 가지 디자인의 헬리오돈을 제시하였는데, 첫 번째는 판지를 이용한 것으로서 헬리오돈이 어떻게 작동하는지 이해를 돕기 위한 간단한 장치이다. 제작을 위해서는 약간의 재료와 가위만 있으면 되지만, 몇 번만 사용하면 망가지게 될 것이다. 두 번째는 보다 더 튼튼한 영구적으로 사용할 수 있는 전문적인 헬리오돈으로서, 이는 건축 설계나 교육용으로 적합하다.

헬리오돈은 세 조각의 판자로 만들어지는데, 첫 번째 판자는 기초바닥이 된다. 이 바닥 위에 두 번째 판자를 붙이고 회전할 수 있게 만든다. 만약 나무판자로 만드는 경우에는 'Lazy Susan' 회전베어링을 이용하는데, 이는 철물점이나 공구점에서 구매할 수 있으며, 회전판이 붙은 중국집 식탁과 같은 곳에서 주로 사용된다.

판지로 만드는 경우에는, 간단히 할핀을 두 판지의 중앙에 꽂은 후 다리를 펼치고 테이프로 붙이면 된다.

세 번째의 판자는 경첩으로 연결하는데, 이를 이용해서 수평면과의 각도를 조절할 수 있다. 또한 고정된 각도를 안정적으로 유지할 수 있도록 설계되어 있다. 나무판자를 사용하는 경우에는 피아노 경첩이 아주 적합하며, 판지를 사용하는 경우에는 접착력이 강한 테이프를 이용해서 경첩을 고정하면 된다.

헬리오돈의 나머지 부분은 조절이 가능한 광원이다. 광원은 여러 가지 방법으로 만들 수 있는데, 가장 간단한 방법은 클립이 달린 스팟 램프를 이용해서 문의 모서리와 같은 곳에 수직으로 매다는 것이다. 슬라이드 영사기도 직선의 광을 제공하는 좋은 광원이다. 이 외에도 높이를 조절할 수 있는 광원이라면 사용이 가능하다. 만약 헬리오돈을 자주 사용할 예정이라면, 표 3-1에 나타난 수치들을 새긴 세울 수 있는 긴 나무막대를 구하는 것이 편리할 것이다.

표 3-1　연중 달에 따른 램프의 높이

1월 21일	20 cm	8 인치	바닥으로부터
2월 21일	55 cm	22 인치	바닥으로부터
3월 21일	100 cm	40 인치	바닥으로부터
4월 21일	145 cm	58 인치	바닥으로부터
5월 21일	195 cm	72 인치	바닥으로부터
6월 21일	200 cm	80 인치	바닥으로부터
7월 21일	195 cm	72 인치	바닥으로부터
8월 21일	145 cm	58 인치	바닥으로부터
9월 21일	100 cm	40 인치	바닥으로부터
10월 21일	55 cm	22 인치	바닥으로부터
11월 21일	20 cm	8 인치	바닥으로부터
12월 21일	5 cm	2 인치	바닥으로부터

● 헬리오돈 실험

헬리오돈을 만들었다면, 이제 여러 가지 실험을 해 볼 수 있다. 헬리오돈을 사용할 때는 세 가지 보정해야 할 것이 있다는 것을 명심하자.

계절에 따른 보정- 광원을 위의 표에 있는 높이만큼 아래 위로 움직여서 연중 계절 변화를 모사해 보자.

위도에 따른 보정- 맨 위의 판지와 받침이 되는 판지와의 각도를 조절하여, 현재 있는 위치의 위도를 보정해 보자.

하루 중의 시간에 따른 보정- 결합한 것을 회전시킴으로써 지축을 따라 회전하는 지구에 의해 발생하는 하루 중 태양의 위치변화를 모사할 수 있다.

두 개의 판을 보정하는 법은 그림 3-7에 나타나 있다.

일정한 각도를 가지는 판을 유지하는 방법은 길쭉한 나무기둥의 양 끝에 두 개의 공작용 찰흙덩어리를 붙이는 것이다. 수평에 대한 판의 각도를 맞춘 후, 나무기둥을 찰흙으로 붙이면 움직임을 막는 지지대로 사용할 수 있다.

자! 이제 헬리오돈으로 해 볼 수 있는 간단한 실험 두 가지가 있다. 이전에 만들었던 해시계가 기억나는가? 그렇다면, 그림 3-8과 같이 해시계를 만들 때 사용한 위도에 따라 판 사이의 각도를 맞추자. 판을 회전시키면 해시계의 시각이 변하는 것이 보일 것이다. 이러한 현상은 헬리오돈을 보정하는데 이용할 수 있으며, 하루 중의 시간을 나타내기 위해 판에 표시를 할 수도 있다.

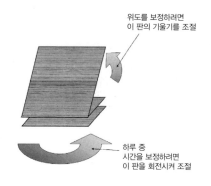

그림 3-7 헬리오돈에서 판의 보정.

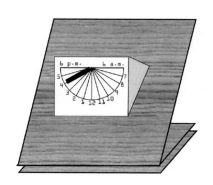

그림 3-8 헬리오돈 해시계 실험.

🔵 나침반이 가리키는 지점

지금 만든 헬리오돈과 남쪽과 북쪽의 방향이 어떤 관계를 가지는지 생각해 보자. 위치하고 있는 곳이 북반구인지 남반구인지에 따라 헬리오돈의 위치를 적절히 보정하도록 하자.

웹사이트

헬리오돈에 대해서 인터넷에서 더 자세히 알아보려면 아래의 사이트를 방문해 보자

- www.pge.com/mybusiness/edusafety/training/pec/toolbox/arch/heliodon/index.shtml
- en.wikipedia.org/wiki/Heliodon

그림 3-9와 같이 판지를 이용해서 모델하우스를 만들자. 가능하면 모델하우스에 창문, 문, 현관문, 채광창도 만들어 넣도록 하자. 아래의 판을 회전시키면 태양광이 건물을 어느 쪽에서 비추는지 알 수 있으며, 어느 방에 햇볕이 잘 드는지도 직접 확인할 수 있다. 이는 건물 안팎의 어느 면이 햇볕을 많이 받는지에 대한 정보를 직접 얻을 수 있으므로 매우 유용하다.

또한 태양광 발전 장치와 나무들을 헬리오돈 위에 설치할 수도 있다. 이와 같이 하면 일 년 중 어떤 때에 태양광 발전 장치 위에 나무그림자가 어떻게 지는지를 직접 확인할 수 있다. 나만의 태양 실험을 계획할 때, 헬리오돈과 작은 모델장비를 이용해서 미리 태양광의 경로를 확인해 보도록 하자.

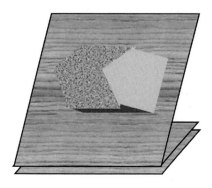

그림 3-9 판지로 만든 건물을 이용한 해 그림자의 위치 확인.

요즈음은 컴퓨터를 이용한 전산모사 (CAD, Computer Aided Design) 기술이 발전하여, 헬리오돈을 컴퓨터로 모사해 볼 수도 있다. 요즈음의 건축가들은 컴퓨터의 헬리오돈 프로그램을 이용해서 건물에 햇볕에 어떻게 비치는지, 건물의 튀어나온 부분들이 어떻게 태양열 집열기에 그림자를 드리우는지를 확인하고 있다. 하지만, 여전히 헬리오돈은 건물에 대한 태양광의 영향을 빠르고 간단하게 확인할 수 있는 좋은 기술이다. 전문가들이 사용하는 내구성이 뛰어난 헬리오돈은 그림 3-10에 보이는 것과 같이 생겼다.

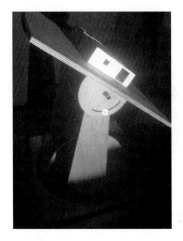

그림 3-10 전문 건축가는 모델 건물에서의 채광 정도를 예측하기 위해 헬리오돈을 사용한다.

PROJECT 3

광선과 조도에 대한 실험

준비물

- 작은 랜턴
- 끈
- 테이프
- 큰 종이
- 연필 한 묶음
- 고무줄

테이프를 이용해서 벽에 커다란 종이를 붙인다. 테이프를 이용해서 끈을 종이의 가운데 부분에 붙인다. 종이에 붙어 있는 끈의 끝에 소형 랜턴을 묶는다. 끈의 길이는 랜턴이 종이 밖으로 벗어나지 않을 정도로 한다.

이제 종이 표면으로부터의 거리가 동일할 경우에, 표면에 비치는 광선의 각도 변화에 의해서 빛의 세기가 얼마나 변하는지 실험해 보도록 하자.

랜턴을 태양이라고 생각하도록 하자. 끈이 느슨해지지 않게 하면서 랜턴을 종이 면에 수직이 되도록 위치하게 하자. 종이 위에 밝은 '원'이 생기는 것을 볼 수 있을 것이다. 빛의 세기가 가장 밝은 원의 주위에 동그라미를 그리도록 하자. 이번에는 역시 끈이 느슨해지지 않게 하면서 랜턴이 종이 면에 대해 적당한 각도를 가지도록 한 후, 동일하게 밝은 원의 주위에 동그라미를 그리자. 여러 각도에 대해서 앞의 실험을 반복한다.

그림 3-11과 같은 그림이 얻어질 것이다.

위의 실험으로부터 무엇을 배울 수 있을까? 전구와 전지의 상태가 변화하지 않았으므로, 랜턴으로부터의 광선 출력은 동일할 것이다. 즉, 랜턴으로부터 방출된 빛의 양은 동일하다. 하지만 그림을 보면 빛이 쪼여진 부분의 면적은 서로 다르다. 랜턴이 종이에 수직할 경우에는 종이 가운데에 원이 그려지지만, 랜턴이 종이와 비스듬한 각도를 이루게 되면 원은 타원으로 변하며, 빛이 쪼이는 면적이 증가한다. 이 결과가 의미하는 것은 무엇일까? 태양은 언제나 일정한 양의 빛을 방출하고 있지만, 하늘에서 일주운동을 하므로 지구에 내리쬐는 태양광의 각도는 변화하게 된다. 즉, 태양이 바로 머리 위에 있을 때에 가장 많은 빛 에너지를 받게 되지만, 아침이나 저녁처럼 태양이 기울어져서 위치하면 우리가 받는 빛 에너지의 양은 감소하게 된다.

랜턴을 기울이면, 빛이 쪼이는 부분의 면적이 타원이 되는 것과 동시에 밝기도 어두워지는 것을 관찰할 수 있을 것이다.

연필 한 묶음을 준비한 것이 기억나는가? 고무줄을 이용해서 준비한 연필을 묶도록 하자. 이제 각각의 연필이 태양으로부터 나온 광선이라고 가정해 보자. 연필을 아래로 향하게 하고 종이 위에 연필을 그어보자. 다음에는 연필을 종이에 대해 기울인 후에 역시 그어보자 (그림 3-12 참조). 연필을 기울인 경우에 선 사이의 간격이 더 넓어진 것을 볼 수 있을 것이다. 연필 하나 하나를 태양광이라고 가정하였으므로, 광선이 비스듬히 비칠 경우에는 빛이 더 넓게 퍼진다는 것을 확인할 수 있다. 즉, 동일한 양의 광선이 더 넓은 면적으로 퍼지게 되는 것이다.

우리가 만든 태양 장비가 최대한 효율적으로 작동하게 하고자 한다면, 먼저 어떻게 하면 광원을 최대한 확보할 수 있는지를 이해하는 것이 중요하다.

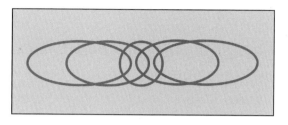

그림 3-11 종이 위에 그려진 광선의 패턴.

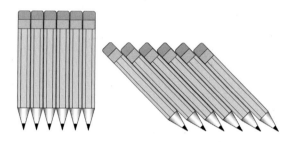

그림 3-12 연필 묶음을 이용한 실험.

CHAPTER 4

태양열 난방

태양은 연중 내내 생명체들이 필요로 하는 열과 빛을 제공하고 있다.

태양에너지를 회수하는 효율적인 방법 중의 하나는 건물의 난방과 세면, 세탁, 조리를 위한 온수의 공급에 이용하는 것이다.

태양이 만들어내는 엄청난 양의 열을 생각한다면, 열을 얻기 위해서 화석연료를 태운다는 것은 매우 어리석은 생각으로 느껴질 것이다.

태양열을 이용하여 건물을 직접 난방할 수도 있는데, 이는 패시브 난방으로 알려져 있다. 다르게는 물이나 공기와 같은 전달매체를 이용하여 열을 전달하는 보일러와 유사한 구성의 중간 저장 장비를 이용할 수도 있다. 물이나 공기를 열저장 매체로 이용할 경우의 장점은 태양열 집열판을 이용하여 효율적으로 태양열을 집열하고 농축할 수 있다는 것과 이와 같이 집열된 열은 파이프나 배관을 통해 필요한 곳으로 공급이 가능하다는 것이다. 중요한 점은 열이 가장 효율적으로 사용될 수 있는 곳으로 선택적으로 전달할 수 있다는 것이다.

이 장에서는 태양열 온수시스템의 기본원리에 대해 알아보고자 한다. 이 장의 후반부쯤 되면 여러분은 태양열 온수기가 어떻게 작동하는지, 나만의 태양열 온수기를 어떻게 설치하고 이용하는지에 대해 충분한 지식을 가지게 될 것이다.

💬 왜 태양에너지를 난방에 사용하는가?

신재생에너지를 난방에 사용하는 것에는 엄청난 환경적인 이점이 있다. 전 지구적인 관점에서 보았을 때, 난방을 위한 화석연료의 사용량은 엄청나다. 우리가 난방에 사용하는 신재생에너지의 비중을 높이면 높일수록 인류의 화석연료 소모량은 감소하게 될 것이다.

💬 우리 집의 지붕에 태양열 집열판을 설치할 수 있을까?

지붕은 태양열 집열판을 설치하기에 적당한 장소이다. 즉, 우리는 이미 청정한 에너지를 생산하기 위해 대기하고 있는 넓은 면적의 부지를 가지고 있는 셈이다.

우선, 지붕이 얼마만큼의 무게를 지탱할 수 있는지를 알기 위해 지붕의 구조를 확인해야 한다. 지붕은 태양열 집열판의 무게뿐만 아니라, 부수적으로 설치될 관련 부품들의 무게도 견디어야 한다. 그 외에도 설치 과정에서 지붕 위에 올라가 있을 사람들의 몸무게 또한 지탱할 수 있어야 한다.

그 외에 지붕의 위치가 태양광을 많이 받을 수 있는 방향인지도 고려하여야 한다. 만약 북반구에 있다면 가능한 한 지붕이 남쪽 방향으로 위치하고 있는 것이 좋다. 만약 남쪽 방향이 아니라면, 남쪽 방향으로부터 벗어남에 따라 에너지 효율이 점점 더 낮아지게 될 것이다.

만약 남반구에 있다면, 반대의 경우가 될 것이며, 태양광을 최대한 받기 위해서는 가능한 한 지붕이 북쪽을 향하도록 하여야 한다.

💬 태양열 난방은 어떻게 작동하는가?

무더운 여름날에 주차장 근처를 걷다가 검은색 자동차를 만졌다고 생각해 보자. 아마도 매우 뜨거울 것이다. 그 다음에 은색이나 흰색 자동차를 만진다면 아마 시원한 느낌이 들 것이다.

위의 내용이 태양열 난방의 핵심 내용으로서, 검은색 표면은 태양에 의해 매우 빨리 뜨거워지게 된다는 것이다.

우리는 다양한 용도를 위해 온수를 필요로 하고 있다. 우리는 세면, 세탁 그리고 식기 세척을 위해 매일 온수를 사용하고 있다. 이후로는 이 온수를 '태양열 온수'라고 부를 것이다. 우리는 온수를 방의 난방에 사용할 수도 있는데, 이후로는 이 역시 '태양열 난방'이라고 부르겠다.

우리가 해야 할 일은, 우리가 필요로 하는 온수의 양을 살펴보고, 과연 그만큼의 에너지를 태양으로부터 얻는 것이 가능한지를 검토하는 것이다.

● 태양열 온수

연중 온수의 필요량은 대체로 일정한 수준을 유지하며, 겨울철의 세면과 세탁을 위해 사용하는 온수의 사용량은 여름철에 사용하는 것과 비슷하다.

● 태양열 난방

온수 보일러와 같은 능동적인 시스템을 사용하지 않고, 태양에너지를 직접 이용하여 패시브 난방을 하는 것도 가능하다. 이러한 난방을 패시브 태양 설계라고 하는데, 건물 내부를 따뜻하고 밝게 유지하기 위해 태양을 마주하고 있는 건물 외벽의 넓은 면적을 유리로 설계할 수 있다. 하지만 겨울철의 난방을 위한 요구조건은 여름철과 다르다. 만약 건물을 여름철에 적합하게 설계하였다면, 겨울철의 실내는 대단히 추워질 것이다. 이런 이유로 인해 우리는 차양막이나 햇볕 가리개 (brie soleil)와 같은 건축학적인 설비를 이용하여 실내에 여름과 겨울에 각각 최적의 태양광이 들어오도록 설계한다. 패시브 태양 설계에 대한 내용은 그 자체만으로도 책 한 권 분량이 될 수 있다.

● 태양열 난방시스템의 구성은?

그림 4-1은 간단한 태양열 온수 시스템의 구성도이다.

그림에서 커다란 저장탱크가 보이는데, 이는 물로 채워져 있으며, 온수의 형태로 열을 저장한다. 온수의 온도가 낮아지게 되면, 힘들게 온수로 저장한 에너지를 잃게 되므로 이를 피하기 위해서는 이 저장탱크를 잘 단열하는 것이 매우 중요하다.

태양열 온수 탱크의 색깔이 위로 갈수록 연해지는 것이 보일 것이다. 이는 저장된 물의 온도가 높이에 따라 변하는 것을 뜻한다. 대류현상에 의해 밀도가 높은 차가운 물은 탱크의 아래쪽으로 내려가고, 밀도가 낮은 뜨거운 물은 탱크의 위쪽으로 올라가게 된다.

온수 탱크의 위쪽으로부터 뜨거운 물을 공급받으며, 온수 탱크에 보충되는 차가운 물은 아래쪽으로 공급한다. 이렇게 함으로써, 온수 탱크에 저장되어 있는 물의 온도 층이 서로 교란되는 것을 막을 수 있다.

온수 탱크의 바닥에는 코일 모양의 파이프가 있는데, 이는 그림 4-2의 사진에서도 보인다. 이 파이프는 구리로 만들어져 있으며, 온수 탱크의 윗부분으로 들어와서 바닥 부분으로 나간다. 이 파이프는 태양열 집열판과 연결되어 있으며, 파이프의 내부는 집열판으로부터 온수 탱크로 열을 전달할 수 있는 유체로 채워져 있다.

이상에서 설명한 것은 가장 간단한 형태의 태양열 집열 설비이며, 열사이펀 (Thermosiphon)으로 불린다. 이렇게 부르는 이유는 집열판으로부터 온수 탱크로의 유체의 순환이 태양열에 의해 자동적으로 일어나기 때문이다. 상세히 설명하면, 뜨거운 물이 위로 올라가는 자연적인 대류현상에 의해 유체의 흐름이 발생하게 된다.

그림 4-1 태양열 온수 시스템의 구성.

그림 4-2 태양열 온수 탱크의 단면 사진.

파이프의 중간에 유체의 순환을 촉진하기 위한 펌프를 설치할 수도 있다. 이러한 펌프는 태양전지에 의해 작동시킬 수도 있으며, 이렇게 되면 기존 전력망의 전기를 전혀 소모하지 않고 태양열 온수 시스템을 가동할 수 있다. Solartwin이라는 회사에서는 태양열 집열판과 태양전지에 의해 구동되는 펌프를 장착한 시스템을 판매하고 있다. 이의 장점은 태양열 집열판이 작동할 때, 태양전지 역시 작동하여 필요할 때에는 항상 펌프가 작동한다는 것이다.

조언

사용이 간편한 수족관용의 투명한 플라스틱 튜브를 배관으로 이용하여 태양열 온수 시스템을 제작하는 것은 과학전시회의 프로젝트로 아주 적합하다. 몇 개의 온도센서 (열전쌍이나 서미스터 등)를 설치하면 동작하고 있는 태양열 온수 시스템의 여러 부분에서의 온도변화를 관찰하는 것이 가능하며, 얼마나 효율적으로 작동하고 있는지도 파악할 수 있다.

● 태양열 집열판

태양열 집열판에는 평판형과 진공 튜브형의 두 종류가 있다. 그림 4-3에 두 가지의 형태와 특징을 비교하였다. 평판형에는 훨씬 많은 양의 태양광이 내리쬐는 반면에, 진공 튜브형은 단열이 훨씬 잘 된다. 하지만 태양이 하늘을 원호를 그리면서 가로질러 지나감에 따라 평판형 집열판의 유효면적은 더 작아지게 되는 반면에, 진공 튜브형 집열판의 경우는 둥근 모양을 가지므로 태양의 위치에 상관없이 항상 일정한 유효면적을 가진다.

그림 4-4에 평판형 집열판의 구성을 나타내었다. 아주 간단한 구조이며, 흡수한 열이 지붕으로 전달되는 것을 막기 위한 단열층이 뒷면에 있다. 집열판 내부에 있는 파이프 코일은 열을 모으고, 이를 온수 탱크에 전달한다. 집열판의 바깥쪽에는 흡수제의 표면이 노출되는데, 이는 단순히 무광택의 검정색이거나, 선택적으로 코팅되어 있을 수도 있다.

그림 4-5에 보이는 지붕에는 다양한 크기의 태양전지와 태양열 집열판이 함께 조화롭게 설치되어 있다.

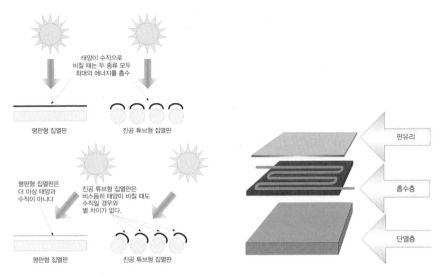

그림 4-3 평판형 집열판과 진공 튜브형 집열판의 비교.

그림 4-4 평판형 집열판의 단면도.

그림 4-5 지붕에 설치된 여러 가지 태양열 집열판.

PROJECT 4

나만의 평판경 집열판 만들기

이 프로젝트에서는 평판형 집열판을 만들어 보고자 한다. 많은 종류의 집열판이 있으며, 대부분이 집 안의 창고에서 손쉽게 만들 수 있는 간단한 구조로 되어 있다 (그림 4-6~4-8 참조). 태양열 집열판에서 기억해야 할 것은 열은 계속 들어오게 하고, 냉기는 멀리 하는 것이다. 이는 패널의 태양을 향한 면에 판유리를 설치하고, 지붕과 맞닿은 면에는 단열을 함으로써 가능하다. 또한 가능한 한 태양열 집열판과 외부와의 열적인 접촉을 차단하는 것이 열의 손실을 방지하는데 유리하다.

태양열 집열판을 손쉽게 만들기 위해서는 알루미늄 클립 핀 (Clip fin)을 이용하는 것이 좋은데, 이는 알루미늄이 구리 파이프 배관의 위에 잘 끼워지기 때문이다.

태양열 집열판을 만드는 또 다른 방법은 낡은 검은색 라디에이터를 재활용하는 것인데, 투박하지만 효율은 좋다(그림 4-9 참조)! 이 시스템은 라디에이터 내부에 더 많은 양의 물을 가두고 있으므로 빨리 데워지는 것이 어려워 응답시간은 느리다.

그림 4-6 상업적으로 만들어진 클립 핀 집열판.

그림 4-7 집에서 만든 클립 핀 집열판.

그림 4-8 알루미늄 클립 핀.

그림 4-9 라디에이터를 재활용하여 만든 집열판.

 주의

태양열 집열판의 문제 중의 하나는 겨울철의 동결에 의한 파손이다. 온도가 너무 내려가면 파이프 내부의 물이 얼게 되며, 물이 얼음으로 변하면서 부피가 팽창하게 된다. 이는 집열판의 파이프가 터지는 것과 같은 치명적인 손상을 줄 수 있다.

PROJECT 5

수영장의 물 데우기

집 안에 조그만 수영장이 있다면, 여름의 태양을 즐기면서 운동하기에 정말 좋을 것이다. 하지만 수영장은 많은 양의 물을 데워야 하므로, 에너지를 많이 소모하는 것으로 악명이 높다.

값싸고 풍부한 화석연료가 고갈되어감에 따라 에너지 비용은 점점 올라가고 있다. 어떤 사람들은 계절에 상관없이 수영장을 따뜻하게 유지하기를 원하는데, 이는 엄청난 에너지 비용을 요구하게 된다.

태양에너지를 이용해서 수영장을 데우는 것을 시작하기 전에, 에너지의 절감과 효율에 대해 계산해 보자. 먼저 수영장 사용 패턴을 보도록 하자. 만약 계절에 상관없이 수영장을 사용하지 못한다면, 나에게 어떤 영향이 있을까? 젖은 상태에서 추위에 노출되는 겨울에 수영을 하고 싶은가! 다음은 에너지를 최소한으로 사용하는 전략에 대해 생각해 보자. 집에 있는 수영장이 실외에 있고 덮개도 없는 상태인가? 그렇다면 수영장의 물을 데우기 위해 공급한 열에너지의 상당량이 대기 중으로 흩어져서 손실되게 될 것이다. 이는 절대로 현명한 행동이 아니다! 수영장을 태양열로 데우는 프로젝트에서 가장 큰 비용을 필요로 하는 것은 수영장을 덮을 수 있는 덮개를 만드는 것이다.

수영장이 필요로 하는 에너지의 양을 최소화하는 것을 완료하였다면, 이제는 공짜로 수영장의 물을 데우는 것을 생각해 보자. 태양열로 수영장의 물을 데우는 것은 전혀 복잡할 것이 없다. 물의 온도가 천천히 올라가는 것을 감내할 수 있다면, 반사경을 이용하는 것만으로도 충분히 가능하다.

이유를 생각해 보자. 수도꼭지에서 나오는 온수는 우리가 헤엄치려고 하는 수영장의 물보다 훨씬 뜨겁다. 가정용 태양열 온수기는 소량의 물을 아주 고온으로 데우기 때문이다. 반면에, 태양열 수영장 난방 시스템은 대량의 물의 온도를 아주 조금만 올리면 된다. 여기에 근본적인 차이가 있으며, 수영장에서는 물이 빠르게 순환하므로 반사경만으로도 충분한 효율을 제공한다.

이것만이 전부는 아니다!

아주 더운 기후에서는 수영장의 물이 지나치게 뜨거워질 수 있는데, 여기에서 태양열 집열판이 중요하게 사용될 수 있다. 야간에 물을 태양열 집열판을 통해 흘리면 쓸데없이 남아도는 열을 배출하는 것이 가능하다.

앞에서 설명한 기술은 가정의 작은 수영장에만 적용되는 것이 아니며, 시립수영장과 같은 대형 수영장에서도 적용되고 있는 경우가 많이 있다. 예를 들면, 캘리포니아 산타클라라의 국제 수영센터는 13,000 평방미터의 태양열 집열판을 이용해서 하루에 4천 5백만 리터의 물을 데우고 있다.

그림 4-10은 태양열을 이용한 수영장 난방을 보여주고 있다.

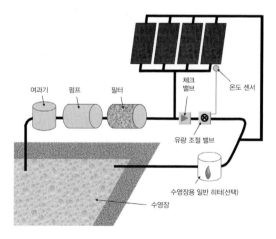

그림 4-10 태양열을 이용한 수영장 난방.

조언

에너풀(Enerpool)은 태양열 집열판을 사용해서 수영장을 난방하는 것을 시뮬레이션해볼 수 있는 무료 프로그램인데, 여기에 수영장의 위치, 수영장의 덮개의 정보와 같은 것을 입력하면 얼마의 시간 후에 수영장의 물 온도가 얼마가 될지를 예측할 수 있다.

- http://canmetenergy.nrcan.gc.ca/software-tools/2219
- http://www.h2otsun.com/enerpool.html

💬 태양열 발전을 직접 할 필요가 있는가?

대용량의 발전을 생각한다면, 모든 발전소는 핵, 석탄, 석유, 천연가스와 같은 에너지원의 종류와 무관하게 결과적으로는 증기를 발생시키기 위해 열을 필요로 한다. 이렇게 만들어진 증기는 회전하는 터빈에 공급되어 전력을 생산하게 된다.

이는 현시점에서는 우리가 전지에서처럼 화학물질로부터 직접 전력을 생산하지는 못하는 것을 의미한다. 전력 생산을 위해서는 일단 중간 단계로 열을 생성하여야만 하며, 이 열을 이용하여 전력을 생산하게 된다.

앞의 내용을 이해하였다면, 바로 태양열도 증기를 생산하기 위해 사용할 수 있다는 생각이 들 것이다. 실제로 캘리포니아 모하비 사막의 크레이머 교차로에서는 이러한 태양열 발전이 행해지고 있다.

그림 4-11 모하비 사막의 태양열 발전소. 미국 에너지성의 양해 하에 게재.

PROJECT 6

태양열 난방을 위한 전기회로

태양열 난방의 기초에 대해 알아보았지만, 이것만으로는 태양열 난방의 전반적인 이해를 하기에는 부족하다 (태양열 난방에 대해서만 여러 권의 책을 쓸 수 있을 것이다). 우리가 만든 태양열 난방 시스템을 개선하기 위해 고려할 수 있는 많은 사항들이 있다. 만약 우리의 시스템이 능동형이라면, 즉 유체를 흘리기 위해 펌프를 이용한다면, 유체의 흐름을 조절하여 시스템의 효율을 올리는 것을 생각해 볼 수 있다.

만약 패시브 시스템, 즉 열사이펀 시스템이라면 유체의 흐름은 자연적인 대류 현상에 의해 결정되게 된다. 이 경우라면 우리는 시스템이 어떻게 작동하는지에 대한 조금의 피드백을 얻는 것으로 만족해야 한다.

준비물

- 부특성 서미스터 (NTC 서미스터)

- 10 kΩ 저항 2개

- 100 kΩ 가변저항

- 741 연산증폭기 (op amp)

- 1 MΩ 저항

- 4.7 kΩ 저항

- BC109 NPN 트랜지스터

- 6 V 피에조 버저

- 수축 튜브

- 접착제/실리콘 실란트

[선택]

- 6 V 릴레이

- 보호 다이오드

필요한 도구

- 납땜기

- 니퍼

- 땜납

다음은 서미스터를 온도측정 센서로 사용하여 온도에 대한 피드백을 제공하는 간단한 전기회로이다. 두 개의 간단한 회로가 있는데, 이들은 서미스터와 가변저항의 위치가 바뀐 것을 제외하고는 동일한 회로이다 (그림 4-12와 그림 4-13 참조).

● 주변 변수로부터의 센서의 보호

부품상에서 구입한 서미스터는 상당히 충격에 약하므로, 신뢰성 있는 동작을 원한다면 주의하여 다루어야 한다. 서미스터는 PCB 기판에 납땜하도록 설계되어 있지만, 우리가 사용할 때는 훨씬 가혹한 환경에 노출되게 된다. 그러므로, 서미스터의 리드선은 수축튜브를 이용하여 절연하여야 한다. 수축튜브는 그 외에도 납땜한 부위의 기계적 강도를 높이고 물에 의한 젖음을 방지하는 역할을 한다.

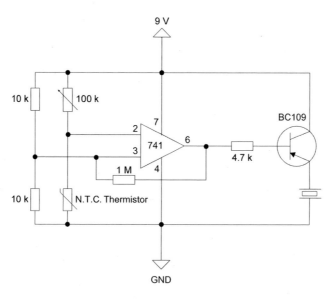

그림 4-12 온도가 초과되었을 때의 태양열 난방.

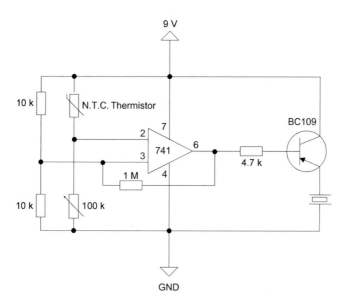

그림 4-13 온도가 미달되었을 때의 태양열 난방.

각각의 리드선이 절연되었으면, 수축튜브나 테이프를 이용해서 두 개를 합친다. 센서의 리드선은 기판에 충분히 닿을 수 있을 정도로 길어야 한다. 만약 태양열 집열판이 태양 추적형이라면 집열판이 최대한 멀어졌을 때에도 리드선이 기판의 뒤쪽까지 닿을 수 있을 정도로 충분히 길어야 한다.

온도센서를 특정한 표면에 부착할 때, 서미스터와 표면 사이를 열전달 컴파운드로 채우는 것도 좋다. 열전달 컴파운드는 컴퓨터에서 CPU와 히트싱크를 접착할 때 사용하는 제품으로 컴퓨터 용품 가게에서 구입이 가능하다.

이상의 작업이 완료되었다면, 센서를 제 위치에 고정하기 위해 실리콘 실란트를 사용할 수 있다. 더욱 정밀하게 하고 싶다면, 센서의 반대쪽 부분을 폴리스티렌이나 발포고무 조각으로 덮어서 공기로부터 센서로의 열전달을 억제할 수 있다. 이렇게 하면 외부 온도에 변화에 의해 센서 자체의 온도가 영향을 받는 것을 최소화할 수 있다.

➖ 센서의 보정

회로를 설치할 때는 온도를 알고 있는 기준에 대하여 온도센서를 보정해 주어야 하는데, 물 중탕은 일정한 온도를 제공하는 좋은 기준이 될 수 있다. 원하는 온도를 맞추기 위해서는 얼음물 한 컵과 끓는 물 한 컵만 준비하여 온도계가 꽂혀 있는 컵에 두 가지를 적당히 섞으면 원하는 온도를 맞출 수 있다.

➖ 전기회로의 개조

전기회로는 그 자체로도 유용하지만, 그 기능을 향상시키기 위해 할 수 있는 것이 더 있다. 회로도에 있듯이 온도가 설정된 조건 밖으로 벗어나면 버저로 '경고'를 하게 되어 있다. 하지만 우리가 집에 없어서 아무런 조치도 취할 수 없을 경우도 고려하여야 한다. 이런 경우에 버저 대신에 릴레이와 보호 다이오드를 장치하면 온도가 설정된 범위 밖으로 벗어났을 경우에 자동적으로 펌프나 전자 밸브가 작동하여 온도를 설정된 조건 범위 내에서 유지하게 될 것이다.

태양열 온수 시스템에서 개조된 전기회로가 어떻게 유용한지 예를 들어 보겠다. 얼음이 얼 정도로 추운 겨울에 파이프 내의 물이 순환하지 않고 있으면, 물이 얼어서 파이프가 터질 우려가 있다. 이를 막기 위해서는 릴레이를 아주 소량의 물을 순환시킬 수 있는 트리클 펌프에 연결하고, 외부의 온도가 아주 추울 경우에 작동하도록 한다. 그러면 파이프 내의 물이 어는 것을 자동으로 방지할 수 있다.

동일하게 그림 4-12의 회로를 집열판의 온도가 높을 경우에 펌프가 작동하도록 변경할 수도 있다. 이렇게 하면 데워진 물이 차가운 집열판을 거쳐서 공급되는 것을 방지할 수 있다.

💬 태양열 난방의 미래는 어떨 것인가?

우리가 더 이상 화석연료에 의존할 수 없는 상황이 도래한다면 문제의 해결을 위해 다른 대안을 찾는 것은 필연적이다. 태양열은 우리의 난방 요구를 충족시킬 수 있는 위치에 있으며, 태양으로부터의 에너지가 공짜라는 것을 감안한다면 많은 사람들이 지금 당장 태양에너지를 활용하지 않는 것이 대단히 놀라운 일이다.

이 장에서 태양열 난방이 어떻게 우리의 난방수요를 만족시킬 수 있는지를 보았다. 하지만 태양에너지의 가용성은 계절에 따라 변화하며, 이에 따라 온수의 공급량도 변화하게 된다.

비록 태양이 항상 필요한 만큼의 에너지를 공급해주지 못하고, 100 % 효율의 태양에너지 설비를 하는 것이 비경제적이긴 하지만, 우리가 소모하는 에너지의 양을 줄여주는 기능을 하는 것은 분명하다. 심지어는 겨울철에 물을 조금 예열해주는 것만으로도 에너지 사용량의 절감이 가능하다.

또 다른 고려해 보아야 할 사항이 있다. 만약에 태양열 난방에도 불구하고 난방을 위해 추가로 에너지가 더 필요하다면 어떻게 해야 할 것인가? 화석연료는 유한한 자원이면서 대기오염을 초래하고, 핵은 유해한 폐기물을 남긴다. 하지만 태양에너지에 의해 생성된 바이오매스를 이용하는 것은 아주 좋은 선택이 된다.

우리 주변에 널려 있는 나무와 풀들은 효율적인 태양에너지 전지로 생각할 수 있다. 식물들은 태양으로부터 에너지를 얻어서 광합성을 통해 성장하는데, 식물들은 성장하는 동안에 이산화탄소를 흡수하고 산소를 배출한다. 일단 나무가 자라면 우리는 벌목을 하여 연소시킬 수 있는데, 이는 식물이 성장하는 동안에 흡수하였던 이산화탄소를 대기 중에 다시 방출하는 셈이 된다. 그러므로 바이오매스의 연소에 있어서 탄소의 전체 배출량은 0이 된다.

CHAPTER **5**

태양열 냉방

PROJECT 7 : 태양열을 이용한 제빙기

더운 기후의 지역에서는 종종 견디기 힘들 정도로 더운 경우가 있다. 현대 사회에서는 이런 경우에 쾌적한 실내온도를 유지하기 위해 에어컨을 켜게 된다. 하지만 에어컨을 켜면 때때로 공기의 질은 건조하고 신선하지 않게 느껴진다.

태양을 이용해서 냉방을 하는 것은 직관적으로 생각할 때 이상한 것처럼 들린다. 하지만 실제로 태양 에너지를 이용해서 냉방을 할 수 있는 다양한 기술들이 존재하고 있다.

💬 왜 에어컨은 좋지 않은가?

에어컨이 사용하는 에너지는 엄청나며, 게다가 빌딩으로부터 회수한 열은 대기 중으로 그냥 방출된다. 에어컨의 냉각기는 레지오넬라 박테리아의 주 번식처이고, 에어컨에 사용되는 냉매는 오존을 파괴하는 동시에 지구온난화에도 영향을 미친다. 전세계적으로 에어컨에 냉매로 사용되는 CFC (프레온 가스)를 추방하고자 하는 움직임이 일어나고 있으며, 현재 임시로 사용되고 있는 HCFC나 HFC 또한 친환경적인 냉매는 아니다.

💬 그렇다면 무엇을 해야 하나?

대량의 화석연료를 사용하지 않고도, 우리의 건물을 시원하게 할 수 있는 많은 전략들이 있다.

💬 패시브 태양열 냉방

한 여름철에도 내부를 쾌적한 온도로 유지할 수 있는 건물을 설계할 수 있는 많은 방법들이 있다.

축열벽 (Trombe wall)

이 책에 있는 다른 많은 내용들과 마찬가지로, 이 개념도 새로운 것은 아니며 1881년에 등록된 특허이다 (미국 특허번호 246626). 하지만 이 개념은 1964년에 엔지니어인 펠릭스 트롬과 건축가인 자크 미쉘이 건물에 적용하기 이전까지는 크게 주목을 받지 못하였다. 이후로 이러한 형태의 설계는 '축열벽 (Trombe wall, 트롬월)'이라고 불리고 있다.

그림 5-1은 영국의 대체기술 연구센터 (CAT)의 주택의 벽에 설치된 축열벽이다.

축열벽의 설치와 작동에 대해 살펴보자.

축열벽은 높은 열적 질량을 가지고 있으며, 벽은 태양열을 효과적으로 흡수하기 위해 검은색으로 칠해져 있다. 또한 벽은 공기층을 사이에 두고 외벽의 창유리와 분리되어 있다.

최초의 축열벽은 그다지 효율적이지 않았다. 이 벽은 주간에는 열을 흡수하고, 야간에는 방과 유리창 양쪽으로 열을 방출하는 기능을 한다. 이론은 창유리가 열을 가두어 두는 역할을 하여 주간에는 충분한 열이 축적되게 되고, 실내 온도보다 높은 온도가 되게 된다. 결과적으로 내부는 더워지게 된다.

그림 5-1 영국 대체기술 연구센터의 축열벽.

실제로는 대부분의 열이 차가운 창유리 바깥쪽으로 배출되는 것으로 나타났다.

축열벽은 많은 개선을 거쳤는데, 이를 통해 그 성능이 현저히 향상되었다. 개선된 축열벽에서는 벽의 윗부분과 바닥 부분에 공기 통로가 있으며, 창유리에도 동일한 공기 통로가 있다.

이 공기 통로들은 특정한 구성에 따라 열리거나 닫히게 된다.

일반적인 형태는 햇볕이 창유리를 통해 비치게 되면, 창유리 뒷면의 검은 벽을 가열하게 된다. 열적 질량이 높은 이 벽 (돌이나 콘크리트 벽)은 가열됨에 따라 창유리와 벽 사이에 있는 공기에 열에너지를 전달하게 된다.

그러면 창유리와 벽 사이의 공기에 대류에 의한 흐름이 생기게 된다. 공기가 가열되게 되면 공기 중의 분자들도 더 활발히 움직이게 되고, 분자들끼리의 부딪힘에 의해 더 넓게 퍼지게 된다. 결과적으로는 공기의 밀도가 낮아지게 되고 물 위에 가벼운 기름이 뜨는 것과 같이 열을 받아 가벼워진 공기는 위로 올라가게 된다. 이는 열기구가 하늘에 떠 있는 것과 같은 원리이며, 창유리와 벽 사이의 가벼워진 공기가 무거운 공기 위에 뜨게 되는 것이다.

이러한 대류 흐름은 건물의 난방이나 냉방에 사용될 수 있다.

창유리와 벽 사이에 간격이 있다는 것을 기억하자. 창유리 쪽의 공기통로가 모두 닫힌 상태에서 벽 쪽의 아래와 위의 공기 통로가 모두 열리게 되면 바닥의 공기통로를 통해 방안의 공기가 빨려 나오게 되고, 두 벽 틈새에서 대류에 의해 상승한 공기는 위쪽의 공기 통로를 통해 방 안으로 다시 흘러 들어가게 된다.

몰론 여름 철에는 방안으로 열이 들어오는 위와 같은 작동을 원하지 않을 것이다. 여름 철에는 벽에 있는 모든 공기 통로를 닫는 것이 실내를 시원하게 유지하는 방법이다.

이 장이 태양열을 이용한 냉방이라는 것이 기억나는가!

이야기했듯이 창유리의 위와 바닥에도 공기 통로가 있다. 창유리의 위쪽 공기통로를 열고, 벽의 아래쪽 공기통로를 열어 보자.

이런 구성은 벽의 바닥으로부터 실내의 공기가 빨려 나오고 대류에 의해 상승된 공기는 창유리의 위쪽 공기 통로를 통해 바깥으로 배출되게 된다. 이렇게 되면 실내의 공기는 지속적으로 배출되게 되고, 어디에선가는 나간 만큼의 공기가 보충되어야 한다. 이 보충은 문이나 창문 그리고 벽의 틈새를 통해 이루어지며 이 과정에서 실내의 사람에게는 상쾌한 미풍을 제공하게 된다 (그림 5-2 참조).

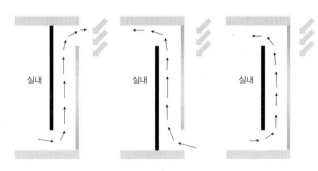

그림 5-2 트롬월의 동작 방식.

● 패시브 증발 기술

물이 증발할 경우에 주변의 에너지를 흡수하게 된다. 이러한 현상을 건물의 냉방에 이용하도록 해 보자. 물론 이러한 기술은 모두 물을 필요로 하므로, 물이 부족한 지역에서는 사용하기 어려울 것이다. 또한 건물의 꼭대기까지 물을 끌어올리기 위해서 에너지가 소모된다는 것도 잊지 말기를 바라며, 이러한 에너지는 지속 가능한 에너지원으로부터 공급되는 것이 바람직할 것이다.

● 지붕에서의 살수

지붕 위에 물안개를 뿌리는 것은 지붕을 젖은 상태로 유지하면서 증발 냉각을 일으킬 수 있는 좋은 방법이다. 이런 경우에 지붕의 표면은 물이 스며들어 건물을 손상시키지 않도록 적절히 코팅되어야 할 것이다.

💬 능동적 태양열 냉방

능동적 태양열 냉방은 패시브 태양열 냉방에 비해 조금 더 복잡하다. 능동적 태양열 냉방은 전력을 엄청나게 잡아먹는 에어컨을 사용하는 대신에 열에 의해 작동하는 공정을 적용한다. 이제 잘 알다시피, 태양을 이용하여 열을 발생시키는 것은 용이하다.

태양열 냉방이 기존의 냉장 방법과 어떻게 다른지를 이해하기 위해서 두 방법의 유사점과 차이점을 비교해 보도록 하자.

일반적인 냉장고는 냉매 (저온에서도 쉽게 기화하는 물질)를 압축하여 액체로 만드는데, 이 압축 과정은 전기모터를 이용하여 이루어지며 귀중한 전력을 소모하게 된다. 이후에 냉매는 팽창하게 되는데, 이 팽창 과정에 필요한 열은 냉장하고자 하는 대상으로부터 얻게 된다. 대상 물질로부터 냉매로 열이 전달되면 냉매는 팽창하게 되며, 이 때 냉매의 손실이 일어나서는 안 된다.

태양열 냉방 시스템은 조금 다른 방식으로 작동한다. 냉매는 물에 젖은 스펀지와 같이 냉매를 흡수할 수 있는 물질에 갇혀 있다. 이 물질을 가열하면, 냉매는 빠져나온 후 응축하여 액체로 변하게 된다. 이 액체는 쉽게 다시 증발되는데, 응축하여 식은 액체는 원래의 흡수제에 다시 흡수되는 것이 바람직하다. 냉매 물질은 흡수제로의 흡수와 방출 후의 응축을 계속해서 반복하게 된다. 이 과정은 기차가 원을 그리며 도는 것이 아니라 앞뒤로 전진과 후진을 반복하는 것과 유사하다.

PROJECT 7

태양열을 이용한 제빙기

태양열을 이용한 제빙기를 만들 수 있는 방법에 대한 정보를 제공해 준 하로슬라브 바넥, 마크 "모스" 그린 그리고 스티븐 바넥에게 감사를 드린다. 이 디자인은 Home Power 잡지 53호에 이미 소개된 바 있다.

원문은 아래의 인터넷 사이트에서 다운로드 받을 수 있으며, 보다 상세하게 설명되어 있다.

- http://free-energy-info.net46.net/P13.pdf

준비물

- 아연도금 강판 (26 gauge) 4장

- 3 인치 굵기의 검은 색 쇠 파이프, 길이 6.4 m

- 플라스틱 거울 11 m²

- 2.25 인치 스테인리스 스틸 밸브

- 증발기/용기 (4 인치 파이프)

- 냉동기 박스

- 3/4 인치 합판, 1.2 m X 2.4 m

- 5 cm X 10 cm 목재 6개, 길이 3 m

- 1/4 인치 배관 부품들

- 3 인치 검은색 캡 2개

- 1.25 인치 검은색 쇠 파이프, 길이 6.4 m

- 2 m 길이 1.5 인치 앵글 4개

- 암모니아 6.8 kg

- 염화칼슘 4.5 kg

한 번에 4.5 kg의 얼음을 만들 수 있는 제빙기를 만들고자 한다. 이 제빙기는 암모니아를 냉매로 이용해서 기화와 응축이 일어나게 된다. 이러한 종류의 냉각기를 작동시키기 위해서는 냉매와 흡수제가 필요하다고 이야기한 바 있으며, 냉매로는 암모니아가, 흡수제로는 염화칼슘이 사용된다. 이동식 주택이나 레저용 차량에서 프로판으로 작동되는 작은 가스 냉장고를 본 적이 있을 텐데, 여기에서도 암모니아가 냉매로 사용되며, 흡수제로는 물이 사용된다.

▬ 제작 및 조립

첫번째로 조립할 대상은 태양집열 파이프인데, 이는 길다란 검은색 쇠 파이프이다. 우선 끝에서 30 cm 가량을 잘라내자. 잘라낸 부분은 나중에 암모니아 저장 탱크로 사용될 것이다. 파이프의 양쪽 끝부분은 3인치 직경의 검은색 캡을 이용해서 밀봉하는데, 그 전에 한 개의 캡에는 드릴로 1/4인치 니플 조인트를 끼울 수 있는 구멍을 뚫어두자. 이 니플 조인트는 배관과 연결하기 위해 필요하다. 또한 집열 파이프의 내부는 흡수제로 사용할 염화칼슘으로 채워야 한다. 작업이 완료되면 파이프의 양쪽 끝에 캡을 씌워 밀봉한다. 어떠한 방법을 사용하여도 무관하나, 캡은 내부의 압력이 높아져도 밀봉을 유지하도록 하여야 한다. 열에 의해 암모니아가 생성되게 되면 내부 압력은 약 14기압 정도까지 올라갈 수 있다.

다음으로 만들 것은 응축 코일과 탱크이다. 탱크는 200 리터짜리 드럼을 반으로 잘라서 사용하면 되는데, 응축을 위한 물을 가득 채우기에 적합하다.

이제 중력에 대해 알아볼 차례이다. 이 시스템에는 유체를 흘리기 위한 펌프 부분이 없다. 그러므로 펌프의 기능을 다른 방법으로 제공해야 한다. 응축 코일을 태양 집열 파이프보다 충분히 높은 곳에 설치한다. 집열 파이프에서부터 물탱크 안에 있는 응축 코일의 위쪽 부분을 1/4인치 배관으로 연결한다. 응축 코일의 아래쪽 부분과 저장 탱크를 연결하는 1/4인치 배관은 구부러진 부분이나 꼬인 부분이 없도록 가능한 한 수직으로 연결되게 한다 (그림 5-3과 5-4 참조).

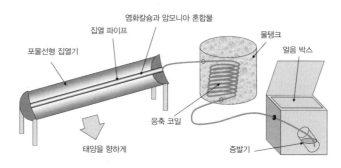

그림 5-3 태양열 제빙기의 구조도.

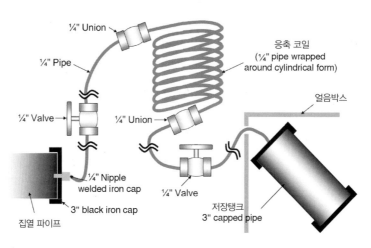

그림 5-4 태양열 제빙기의 배관.

하로슬라브 바넥, 마크 "모스" 그린 그리고 스티븐 바넥이 제작한 태양열 집열기에서는 집열 파이프가 두 개의 수직 지지대에 의해 받쳐지고 있으며, U자형 볼트를 이용하여 연결되어 있다. 이렇게 하면 계절의 변화에 따라 집열기를 움직일 수 있다.

 주의

장기간 작동시킬 시스템의 경우에는 암모니아에 의한 부식에 견딜 수 있는 소재를 사용하여야 한다. 철과 스테인리스 스틸 두 가지 다 암모니아에 의한 부식에 잘 견딜 수 있는 소재이다. 그 외에 고려해야 할 것은 시스템이 작동할 때 내부압력이 얼마나 올라가는지이다.

➖ 제빙기의 작동원리는?

제빙기는 순환하면서 동작하는데, 낮에는 포물선 모양 거울의 초점에 위치한 쇠파이프에서 암모니아가 증발하게 된다. 이는 검은 색으로 칠해진 쇠파이프가 열에너지를 흡수하고, 그 결과로 염화칼슘에 흡수되어 있던 암모니아가 방출되기 때문이다.

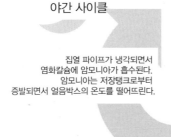

야간 사이클

집열 파이프가 냉각되면서
염화칼슘에 암모니아가 흡수된다.
암모니아는 저장탱크로부터
증발되면서 얼음박스의 온도를 떨어뜨린다.

주간 사이클

암모니아는 가열되어 집열 파이프에서
기체로 빠져 나온다.
기체 암모니아는 응축 코일에서 냉각된 후
저장탱크에 액체로 떨어진다.

그림 5-5 태양열 냉각기의 순환 작동.

SOLAR ENERGY PROJECTS

밤에는 염화칼슘이 식으면서 암모니아를 다시 흡수한다. 암모니아는 응축 코일을 통해서 거꾸로 흡수되게 되는데, 이러한 과정에서 저장 탱크의 액체 암모니아는 기화하면서 얼음 박스의 열을 흡수하게 된다.

그림 5-5에 이 순환을 도식으로 설명하였다.

 주목

이 디자인은 튼튼하고 신뢰성 있게 작동할 수 있는 많은 장점을 가지고 있다. 장점 중 하나는 움직이는 부품이 전혀 없다는 것이다. 유일하게 작동이 필요한 부품은 두 개의 밸브이며, 이 밸브들도 어쩌다가 한 번씩 작동하게 된다. 이와 같이 움직이는 부품을 사용하지 않으면, 시스템을 매우 효율적으로 만들 수 있다.

● 유용한 인터넷 사이트

제빙기에 대해 더 궁금한 것이 있다면 아래의 주소로 문의해 보자.

- S.T.E.V.E.N. Foundation,
  414 Triphammer Rd.
  Ithaca,
  NY 14850
  U.S.A.

- SIFAT,
  Route 1, Box D-14
  Lineville,
  AL 36266
  U.S.A.

SOLAR ENERGY PROJECTS

태양열 조리

💬 왜 태양을 조리에 이용하는가?

태양열 조리는 연료를 태워서 이산화탄소를 배출하거나 비싼 전기를 이용하는 기존의 조리방법에 비해서 혁신적인 대체 조리방법이다. 태양열 조리는 태양으로부터 얻어지는 자연의 열에너지를 조리에 사용한다. 이제 바비큐는 낡은 풍습으로 생각하고, 햇볕이 쬐는 날에는 태양열 조리를 즐겨보도록 하자. 성냥이나 장작을 걱정할 필요도 없고, 연기나 기침도 없으며, 더 이상 소시지를 태울까 걱정할 필요도 없다. 단지 하늘에 구름이 끼지 않기만 바라면 된다!

텔레비전에서 나오는 요리사들이 태양열 조리를 보여주지 않는다고 해서, 태양열 조리가 좋지 않은 것은 아니다. 단지 텔레비전에 나오는 요리사들이 기술적 상상력이 부족한 것뿐이다.

여러 가지 상황에 적합한 다양한 종류의 태양열 조리 기구들이 있으며, 대부분은 유사한 원리를 이용하고 있다. 그 원리는 태양의 열에너지를 좁은 면적에 집중하여 온도를 올리는 것이다.

태양열 조리기는 그 단순함에 장점이 있으며, 개발도상국에서 적용하기에 적합하다 (그림 6-1). 서구에서는 에너지를 공급하기 위한 기반시설이 잘 구축되어 있지만, 많은 개발도상국에서는 그렇지 못하다. 그러므로 충분한 연료가 공급되지 못하여 고온으로 조리된 음식을 접하기 어렵다.

선진국에서는 이미 엄청난 양의 에너지를 음식을 조리하는 데 사용하고 있는 것을 생각해 보자. 인도나 중국과 같은 거대한 나라들은 지속적으로 발전하고 있으며, 만약 모든 사람들이 서구 스타일로 생활하기를 원한다면 우리가 보유하고 있는 에너지는 곧 바닥나게 될 것이다. 그렇다면 기존의 조리방법과 동일한 기능을 제공하는 태양열 조리기구와 같은 기술이 있는데도, 왜 선진국에 사는 사람들은 왜 그러한 생활 습관을 유지하고 있을까?

이 장에 있는 모든 프로젝트에서는 여름날에 적합한 아주 값싼 재미있는 조리기구들을 만들어 보고자 한다.

이 장의 마지막에서는 인터넷에서 찾아볼 수 있는 여러 가지 종류의 태양열 조리 방법들을 정리하였다. 이러한 방법들은 각각의 장점과 단점을 가지고 있으며, 사용하기에 적합한 상황이 서로 다르다. 예를 들면 프랑크 소시지 한 개를 조리할 것인지, 아니면 단체의 야외 모임에서 사용할 커다란 조리기구인지 등에 따라서 그 설계가 달라지게 된다.

그림 6-1 개발도상국에서 사용되는 태양열 조리기. 톰 스폰하임의 양해 하에 게재.

PROJECT 8

태양열 핫도그 조리기

준비물

- 작은 태양전지

- 전기모터

- 합판

- 틀

- 나사

- 휠 수 있는 아크릴 거울

- 고무줄과 도르래 바퀴

  또는

- 작은 플라스틱 웜기어와 이에 맞는 큰 플라스틱 기어

필요한 도구

- 띠톱

- 드릴

- 홈파는 공구 (Router)

부품의 목록은 고급형 장비를 위한 것이다. 자동 핫도그 뒤집개는 상당히 멋진 발명품이긴 하지만, 그냥 손으로 뒤집을 수도 있으므로 크게 중요하진 않다. 만약 값싼 것을 원한다면 합판 대신 두꺼운 종이를 쓰고, 플라스틱 거울은 은박지로 대체할 수 있다. 또한 꼬치에 끼워져 있는 핫도그를 모터로 자동으로 돌리기보다는 그냥 손으로 한번씩 돌려주는 것이 간단하다.

가장 먼저 해야 할 일은 포물선형 거울을 만드는 것이다. 포물선형 거울은 모든 태양열을 핫도그에 집중시켜 준다. 이와 관련된 사항은 8장의 태양열 집열기에서 더욱 자세히 알게 될 것이다.

유리거울을 휘어 본 적이 있는가? 휘어지지 않을 것이다. 무리하게 휘려고 하면, 거울은 깨질 것이다. 운이 좋다면 단지 재수가 없는 것으로 끝나겠지만, 운이 나쁘다면 깨어진 거울에 손을 다치게 될 것이다.

선택은 두 가지이다. 하나는 오랫동안 쓸 수 있게 튼튼하게 만드는 것이고, 나머지 하나는 값싸게 만드는 것이다. 튼튼하게 만들려면 휠 수 있는 아크릴 거울을 인터넷에서 주문해야 한다. 이 부품은 실내장식을 하는 사람들이나, 정원에 장식하는 것을 취급하는 사람들이 주로 이용하며, 가끔 가다가 경매사이트에서 큰 패널을 구입할 수도 있다.

아크릴 거울은 부서질 걱정없이 부드럽게 구부릴 수 있다. 또한 드릴로 구멍을 뚫어도 부서지지 않는 장점이 있다.

만약 싸게 만들고 싶다면, 골판지 위에 알루미늄 호일을 풀로 붙여서 사용해도 된다. 물론 이 경우에는 표면의 반사율이 좋지 않기 때문에 효율은 좋지 않다. 하지만 시범용으로 사용하기에는 충분하다.

다음은 거울을 위한 지지대를 만들자. 튼튼한 것을 만들고 싶다면 적절한 틀과 합판을 이용하여 만든다. 홈파는 공구는 거울을 지지할 길다란 홈을 파는데 매우 유용하다. 만약 싸게 만들고 싶다면, 두꺼운 판지를 이용해서 만들 수 있으며 거울을 고정할 수 있도록 종이를 몇 군데 자르고 자른 부분을 세우면 될 것이다.

이제 구동하는 부분을 만들 단계이다. 여기에도 두 가지 선택이 있는데 (그림 6-2와 6-3 참조), 핫도그 꼬치를 장착할 수 있는 간단한 지지대를 세우고 손으로 그냥 돌릴 수도 있다.

진짜로 이것 저것을 만들어 보고 싶은 마음이 강하다면, 태양전지로 작동되는 모터를 만들어서 여러분의 핫도그를 자동으로 돌릴 수도 있다.

준비물

- 1381 IC

- 2N3904 트랜지스터

- 2N3906 트랜지스터

- 3300 μF 콘덴서

- 2.2kΩ 저항

- 태양전지

- 고효율 모터

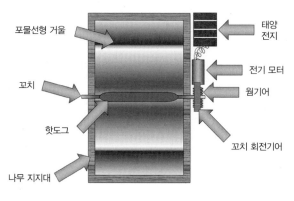

그림 6-2 태양열 핫도그 조리기.

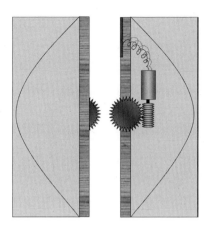

그림 6-3 구동 원리.

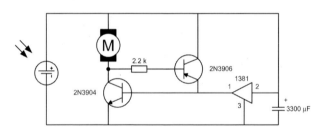

그림 6-4 태양전지를 이용한 모터 구동회로.

모터를 위한 구동 전기회로는 그림 6-4에 나타내었으며, 빈 기판 (strip board)을 이용해서 손쉽게 만들 수 있다. 일단 구동 회로를 만들었으면, 모터와 꼬치를 연결하여야 한다. 만약 모터가 충분히 강력하다면 바로 꼬치를 연결해서 구동할 수도 있다. 꼬치를 설치할 때에는 가능한 회전할 때 저항을 적게 받도록 설계하여야 한다. 만약 모터가 꼬치를 돌리기에 힘이 부족하면 웜기어를 사용하여 속도를 줄이고 힘을 늘리도록 한다.

79

웹사이트

인터넷에서 찾아볼 수 있는 태양열 핫도그 조리 기구들.

- www.motherearthnews.com/do-it-yourself/solar-hot-dog-cooker-zmaz78mazjma. aspx
- www.pitsco.com/store/detail.aspx?KeyWords=roaster%20oven&ID=2646&c=&t=&l=
- www.energyquest.ca.gov/projects/solardogs.html
- sci-toys.com/scitoys/scitoys/light/solar_hotdog_cooker.html
- www.reachoutmichigan.org/funexperiments/agesubject/lessons/energy/solardogs. html

PROJECT 9

태양열 마시멜로우 조리기

준비물

- 마시멜로우

- 커다란 프레넬 렌즈

- 알루미늄 호일

- 꼬치 또는 구이용 포크

이 프로젝트에서는 넓은 면적에 비치는 태양에너지를 모아서, 아주 좁은 부분을 가열하는 데 사용하고자 한다.

태양에너지를 모으는 방법으로는 거울을 사용할 것인데, 우리는 이미 '태양열 핫도그 조리기'에서 사용해 본 경험이 있다. 태양열 집열기를 이용해서 태양열을 모으는 방법에 대해서는 이후의 8장에서 자세히 설명될 것이다.

실험을 하기 위해서는 먼저 프레넬 렌즈 (Fresnel lens)가 필요한데, 프레넬 렌즈의 상세한 원리는 8장에 설명되어 있다.

마시멜로우를 꼬치에 끼운 후, 알루미늄 호일 위에 얹어둔다. 이제 프레넬 렌즈를 이용해서 태양광을 마시멜로우에 집중시킬 것이다. 창문을 통해서 밖을 내다보면, 풍경이 확대되거나 축소되어 보이지는 않을 것이다. 왜냐하면 일반적인 창문은 렌즈로 작용하지 않기 때문이다. 하지만 프레넬 렌즈를 통해서 보면 창문 유리처럼 평평한데도 확대되거나 축소되어 보인다. 왜 그럴까? 만약 가까이에서 프레넬 렌즈를 살펴보면 프레넬 렌즈 표면에 많은 동심원이 그려져 있는 것이 보일 것이다. 돋보기를 생각해 보면, 볼록한 둥근 모양이다. 즉, 옆에서 보면 가운데가 볼록한 모양이 되도록 돋보기 표면이 곡선으로 되어 있으며, 가운데 부분에 유리의 양이 많은 것이다. 프레넬 렌즈는 이 가운데 부분에 있는 유리를 제거하여 곡면의 패턴만 남겨둔 것이다 (그림 8-19 참조). 곡면의 패턴만 남긴 후, 이를 평평하게 만든 것이 프레넬 렌즈이다. 프레넬 렌즈에서 볼 수 있는 동심원은 렌즈의 커브가 남은 흔적이다.

하늘에서 태양의 위치를 확인한 후에, 태양과 마시멜로우 사이에 프레넬 렌즈를 태양광을 수직으로 받도록 둔다. 렌즈를 아래 위로 움직이면서 초점을 맞춘다. 돋보기를 사용하는 것과 같은 방법이다. 초점이 맞춰지면 마시멜로우가 어떻게 되는지 보자. 초점을 맞추고 시간이 조금만 지나면 마시멜로우가 구워지고 있는 것을 볼 수 있을 것이다. 불 없이도 그냥 태양열만 가지고 마시멜로우를 구울 수 있다.

 웹사이트

마시멜로우 구이와 관련된 인터넷 사이트.

- sci-toys.com/scitoys/scitoys/light/marshmallows/solar_roaster.html
- www.ecofriend.com/entry/sun-powered-marshmallow-roaster/
- www.youtube.com/watch?v=vlSiivwl6d8

PROJECT 10

태양열을 이용한 도로에서의 계란 프라이

준비물

- 계란 몇 개
- 식용유 조금
- 뜨거운 여름날

필요한 도구

- 검은 아스팔트 도로
- 프라이 팬(검은색이면 좋음)

무더운 한 여름에 검은색 아스팔트로 포장된 길을 맨발로 걸으면 아마도 발바닥이 타는 듯한 느낌이 들 것이며, 이는 아주 고통스러운 일이다. 만약 계속 걷는다면 그나마 조금 낫겠지만, 한 곳에 계속 서 있어야 한다면 팔짝팔짝 뛰고 싶어질 것이다. 그이유는 검은색 아스팔트 도로가 상당한 열적 질량을 가지고 열을 저장하는 역할을 하기 때문이다. 만약 검은색 종이를 햇볕에 노출시켜 두었다가 만져보면 따뜻할 것이다. 하지만 그 위에 맨발로 서 보면 뜨거운 느낌은 금방 사라질 것이다. 종이는 열을 저장하는 능력은 거의 없기 때문이다. 자, 햇볕이 따가운 날에 계란을 조리해 보자.

그림 6-5를 보면 진짜 간단한 방법임을 알 수 있다.

햇볕이 쨍쨍 내리쬐는 검은색 아스팔트 도로를 찾아서, 프라이팬을 집어서 아스팔트 위에 놓자. 프라이팬이 검은색이면 더욱 좋다. 물론 차가 다니는 것은 항상 주의해야 할 것이며, 가능한 한 도로 주변의 차가 다니지 않는 지점이 가장 좋다. 프라이팬에 식용유를 한 방울 떨어뜨린 후, 투명한 유리판으로 위를 덮자. 프라이팬도 검은색이고, 아스팔트도 검은색이어서 햇볕으로부터 열 흡수가 아주 잘 될 것이다. 조금만 시간이 지나면, 식용유가 뜨거워진다. 그러면 계란을 깨어서 프라이팬에 넣고 다시 유리판으로 위를 덮자. 물론 맛있는 계란프라이를 위해서는 햇볕이 쨍쨍한 여름날이 필요하며, 알래스카의 흐린 날씨로는 계란프라이를 만들 수 없을 것이다. 만약 햇볕이 충분하지 않다면, 반사판을 이용해서 더 많은 햇볕을 프라이팬에 공급해 줄 수도 있다.

실제 간단한 태양열 조리의 예로서, 어떤 사람들이 주차된 차의 유리창을 닫은 상태에서 계기판 위에 검은색 제빵용 번철을 올리고, 쿠키 반죽을 거기에서 구워서 쿠키를 만들었다는 얘기도 들은 적이 있다. 아마도 쿠키 요리가 끝난 차의 실내에서는 방향제 냄새 대신에 고소한 쿠키 냄새가 가득 찼을 것이다.

 웹사이트

다음 사이트는 어린이들을 위한 다양한 태양열 조리법에 대한 정보를 제공하고 있다.

- Pbskids.org/zoom/activities/sci/solarcookers.html

그림 6-5 태양열을 이용한 계란 프라이.

PROJECT 11

태양열 조리기 만들기

준비물

- 얇은 MDF 판

- 휠 수 있는 플라스틱 유리판

- 얇은 폴리스티렌 판

- 못

- 덕트 테이프

필요한 도구

- 띠톱

- 망치

- 예리한 칼 또는 메스

- 각도기

태양열 조리기는 아주 만들기 쉬운 장비이다. 우리는 거울을 이용해서 태양에너지
를 넓은 면적에서 모아서 아주 좁은 면적으로 집중시킬 것이다 (8장에 상세히 설명

되어 있음). 또한 태양열을 집중시킬 부분은 폴리스티렌으로 둘러싸서 열손실을 최소화시킨다.

먼저 MDF를 이용해서 박스를 만들자. 얇은 MDF판이지만, 작은 못을 이용하면 MDF판이 갈라지지 않고 박스를 만들 수 있다. 태양열 조리기용 박스를 만드는 데에는 작은 못으로도 충분한 강도가 나온다. 박스를 다 만들면 그림 6-6처럼 될 것이다.

그림 6-6 MDF로 만든 박스.

이제는 열이 새어 나가지 않도록 폴리스티렌판을 이용해서 박스의 안쪽을 둘러싸자. 폴리스티렌판으로 안을 둘러싼 박스는 그림 6-7과 같으며, 폴리스티렌은 여러 겹으로 싸도 좋다.

이제 폴리스티렌으로 둘러싸인 박스 내부의 크기를 측정하고, 플라스틱 거울을 박스 내부의 크기에 맞게 자르자. 자른 플라스틱 거울을 박스 안쪽을 둘러싸게 붙이자. 거울을 붙이는 데는 덕트 테이프를 이용하면 좋다.

다음은 거울로 된 반사판을 자르도록 하자. 띠톱으로 거울 플라스틱을 60 cm 넓이로 자르자. 자른 플라스틱 거울의 한쪽 모서리에서 반대쪽 모서리로 선을 두 개 긋는데, 각도기를 이용해서 67도 기울어진 서로 마주보는 선을 두 개 긋는다. 선을 그으면 사다리꼴이 될 것이며, 높이는 60 cm, 짧은 변의 길이는 앞에서 만든 박스의 뚫린 곳의 한 쪽 변의 길이와 같게 한다 (그림 6-8).

마지막으로 자른 플라스틱 거울 4장을 박스에 붙인다. 거울 부분이 위를 향하게 하며, 접착은 덕트 테이프를 이용하는 것이 좋다. 덕트 테이프를 이용해서 접착을 하면, 경첩의 역할을 해서 각도의 조절이 가능하며, 접었다 폈다 할 수도 있다.

태양열 조리기가 완성되었다면, 그림 6-9와 같은 모양이 될 것이며, 이제 요리를 할 준비가 되었다!

그림 6-7 폴리스티렌으로 안을 둘러싼 박스.

그림 6-8 잘라 둔 플라스틱 거울.

그림 6-9 완성된 태양열 조리기.

PROJECT 12

태양열 캠핑 스토브 만들기

준비물

- A4 크기의 판지 5장
- 알루미늄 호일
- 풀
- 접착 테이프

필요한 도구

- 가위

이번에 만들 것은 믿을 수 없을 정도로 간단한 태양열 캠핑 스토브이다.

간단하게 만들려면 A4 크기의 판지 다섯 장을 준비하여, 세 장을 긴 변 방향으로 붙인다. 그리고 나머지 두 장은 짧은 변 방향으로 붙인다. 판지를 붙일 때는 접착 테이프를 이용하면 접을 수 있어 좋다.

이제 붙여서 만든 두 조각의 판지에 알루미늄 호일을 붙이는데, 풀을 이용해서 붙일 수 있다.

이렇게 하면 완성이다! 이제 필요한 것은 태양열 스토브를 설치하는 것이다.

태양이 어디에서 비치는지 확인한 후, 세 장의 판지로 만든 패널을 태양을 향하게 세운다. 이 때, 바깥쪽의 판지 두 장은 안쪽으로 약간 접어 준다. 두 장의 판지로 만든 패널은 한 장은 바닥에 닿게 해서 그 위에 조리할 음식물을 얹을 수 있도록 한다. 나머지 한 장은 수직으로 세워서 음식물을 지나친 태양광이 다시 음식물로 반사되게 한다.

이 디자인의 가치는 그 단순함과 설치의 간단함, 그리고 휴대하고자 할 때, 접어서 아주 적은 부피로 간편하게 배낭에 넣을 수 있다는 것에 있다.

태양열 스토브를 설치한 모습을 그림 6-10에 나타내었다.

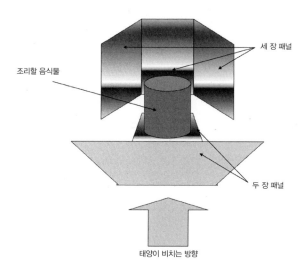

그림 6-10 태양열 스토브의 설치.

웹사이트

태양열 조리를 이용하고자 하는 많은 사람들이 있으며, 이들은 다양한 디자인의 태양열 조리기를 만들고 있다. 이 책에서 몇 가지의 태양열 조리기를 제시하였지만, 다른 용도를 위한 훨씬 다양한 태양열 조리기들이 있다는 것을 기억해 주기 바란다. 아래에는 태양열 조리기에 대해 다루고 있는 많은 인터넷 사이트들이 있으며, 여러분이 태양열 조리기를 필요로 할 때에, 아래의 사이트에서 원하는 용도에 맞는 디자인을 찾을 수 있을 것이라 생각한다.

- 추적형 태양열 박스 조리기

  http://solarcooking.org/plans/cookerbo.pdf

- 프레넬 반사경을 이용한 태양열 조리기

  www.sunspot.org.uk/ed/

- 반사형 태양열 박스 조리기

  solarcooking.wikia.com/wiki/Reflective_Open_Box

- 압축 가능한 태양열 박스 조리기

  solarcooking.wikia.com/wiki/Collapsible_Solar_Box_Cooker

- 뚜껑 달린 태양열 조리기

  solarcooking.wikia.com/wiki/Easy_Lid_Cooker

- 소형 태양열 박스 조리기

  solarcooking.wikia.com/wiki/%22Minimum%22_Solar_Box_Cooker

- 하늘의 불꽃 태양열 조리기

  www.backwoodshome.com/articles/radabaugh30.html

- 경사 박스형 태양열 조리기

  solarcooking.wikia.com/wiki/Inclined_Box

- 썬스토브 태양열 조리기

  www.sunstove.com/the-refugee/

- 넬파 태양열 조리기

solarcooking.wikia.com/wiki/nelpa

- **펜타곤 태양열 조리기**

  solarcooking.wikia.com/wiki/Pentagon_Star

- **이중 판넬 태양열 조리기**

  solarcooking.wikia.com/wiki/Dual-Setting_Panel_Cooker

- **깔때기형 태양열 조리기**

  solarcooking.wikia.com/wiki/Sun-Funnel

- **파르바티 태양열 조리기**

  solarcooking.wikia.com/wiki/Parvati_Solar_Cooker

- **바람막이형 태양열 조리기**

  solarcooking.wikia.com/wiki/Windshield_Shade_Solar_Cooker

  (자동차 앞유리용 햇볕 가리개를 이용한 태양열 조리기)

- **이단 12면 태양열 조리기**

  solarcooking.wikia.com/wiki/Double-Angled-Twelve-Sided_cooker

- **포물선형 태양열 조리기**

  solarcooking.wikia.com/wiki/Parabolic_Solar_Cooker_LD-150

  (판지와 알루미늄 호일을 이용한 간단한 태양열 조리기)

- **태양열 병 살균기**

  solarcooking.wikia.com/wiki/Soda_bottle_pasteurizer

- **페루 안데스 지방에서의 태양열 조리법**

  www.sunspot.org.uk/Solar.htm

  (개발도상국에서의 태양열 조리법)

💬 태양열 조리법

🔴 감자

감자를 태양열 조리기로 굽는 것은 캠핑에서 모닥불에 감자를 구워 먹는 것과는 다르다. 모닥불에 구울 때는 감자를 은박지에 싸서 굽지만, 태양열 조리기를 사용할 때에는 은박지로 싸면 태양광이 반사되어 익는데 아주 오랜 시간이 걸릴 것이다.

웹사이트

- www.hunkinsexperiments.com/pages/potatoes.htm
  구운 감자 : 태양열로 감자를 굽는 멋진 만화가 있는 사이트이다.

🔴 차 끓이기

보통은 물을 먼저 끓이고, 이 끓는 물로 차를 만든다. 하지만 태양열 조리기로 차를 끓이고 싶다면, 먼저 찻주전자에 깨끗한 물과 티백을 동시에 넣은 후, 바로 태양열 조리기로 끓이는 것이 좋다 (야외에서 깨끗한 물을 얻는데 태양열 증류기를 사용할 수도 있다).

🔴 수프

태양열 조리기로 조리할 수 있는 가장 쉬운 요리 중의 하나가 수프이다. 햇볕의 양이 조금 부족할 경우라면, 닭고기 수프는 조리하기 힘들겠지만 따뜻한 야채 수프는 먹을 수 있게 조리하는 것이 충분히 가능할 것이다.

➖ 나초

나초는 누구나 좋아하는 음식이다. 나초를 한 봉지 가지고 나가서 큰 그릇에 담고 거기에 치즈 가루를 뿌려 주자. 이 그릇을 태양열 조리기로 데워주면 치즈가 녹아서 뜨겁고 바삭바삭한 맛있는 나초가 될 것이다.

➖ 빵

통조림 통을 구해서 바깥을 검은 색으로 칠하기만 한다면, 빵을 만들 수 있는 완벽한 제빵용 캔을 얻게 된다!

바케트와 같은 프랑스 빵을 만들기 위해서는 먼저 빵효모 한 팩, 설탕 한 수저, 흰 밀가루 5컵, 그리고 물 2컵이 필요하다.

효모를 약간 따뜻한 물 1컵에 풀고, 나머지 모든 고체들을 체로 친 후 큰 반죽그릇에 넣자. 여기에 효모를 푼 물 1컵을 넣고 잘 반죽을 시작한다. 두 번째 컵의 물을 조금씩 넣으면서 반죽이 끈적끈적해질 때까지 반죽한다. 앞에서 만든 제빵용 캔 안쪽에 기름을 두른 후, 반죽을 안에 붓고 태양열 오븐으로 빵을 만든다. 캔을 다룰 때는 자른 부분이 날카로우므로 항상 주의하도록 하자.

💬 태양열 조리에 관한 팁

많은 캠프장과 캐러밴 공원에서는 연기와 타인에게 불편한 냄새가 발생하기 때문에 모닥불을 금지하고 있다. 만약 가져간 가스가 다 떨어졌다면, 그냥 차가운 음식을 먹을 것인가? 이때야말로 태양열 조리기를 사용할 때이며, 다른 캠퍼들의 부러움을 사게 될 것이다.

단, 햇볕이 강하게 내리쬐는 날에만 사용해야 할 것이며, 흐린 날에 태양열 조리기로 요리를 하는 것은 별로 현명한 생각이 아니다.

태양열 조리의 멋진 점 중의 하나는 미리 요리를 준비해서 설치해 두고, 한참 있다가 돌아와 보면 요리가 먹을 수 있도록 완성되어 있는 것이다. 일반적인 방법으로 음식을 하는 여러분의 동반자는 아마도 계속 불 옆에서 조리를 하고 있을 것이다.

또한 이것을 생각해 보자. 만약 에어컨이 켜져 있는 집에서 일반적인 방법으로 조리를 한다면, 조리에 들어가는 매 kW의 에너지를 상쇄하기 위해서 에어컨은 그 3배의 에너지를 소모해야만 한다!

CHAPTER **7**

태양열 증류기

💬 물-귀중한 자원

이전의 세계은행 부총재인 이스마일 세라젤딘은 다음과 같이 말하였다. "다음 번 세계대전은 물을 두고 일어나게 될 것이다".

언뜻 들기에 이 말은 넌센스처럼 들릴지도 모른다. 왜냐하면 우리 주변에는 물이 있고, 언제나 하늘에서 물이 떨어지고 있고, 개울과 강에서 흐르고 있기 때문이다. 하지만 지구상의 모든 지역이 선진국처럼 물이 풍부한 것은 아니다.

개발도상국의 많은 지역은 건조하며, 깨끗한 식수를 얻기 위해서 160 km나 걸어가야만 경우도 종종 있다. 이러한 문제는 만약 그 지역의 중공업 공장이 물을 끌어다 쓰기 시작하면 더욱 심각해지기도 한다.

물은 자연적으로 순환한다. 이를 수문학적 순환이라고 하며, 그림 7-1에 나타내었다.

물은 수면, 지표, 식물, 동물 그리고 사람으로부터 증발하여 하늘로 올라가게 된다. 하늘에서는 응축하여 구름을 형성하고 비의 형태로 다시 지상으로 떨어지게 된다.

이 과정을 통해 빗물은 정제되게 되는데, 물이 증발할 때 순수한 물을 제외한 나머지 오염물질은 남겨두기 때문이다. 이산화황 가스와 같이 인간활동에 의해 발생한 유독물질들은 비가 내리는 도중에 흡수되어 다시 지표로 흡수된다. 그 결과로 땅은 산성화되게 된다. 이러한 산성비는 토양의 산성화를 통해 식물에 영향을 미치고, 알칼리 암석을 부식시키는 등의 악영향을 미치게 된다.

태양열 증류는 위의 수문학적 순환을 매우 좁은 밀폐된 공간 내에서 일으키는 것이다. 개념은 먼저 물을 증발시킨다. 그러면 박테리아, 염분 그리고 다른 불순물들은 남게 된다. 이후에 증발시킨 물을 다시 수집하면 마실 수 있는 깨끗한 물을 얻게 된다.

이 방법을 이용하면 심지어는 바닷물도 식수로 사용이 가능하다.

태양열 증류의 장점은 다음과 같다.

- 에너지 비용이 없다.

- 동력이 필요 없다.

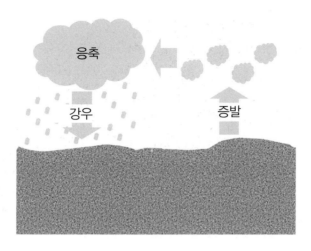

그림 7-1 물의 순환.

💬 태양열 증류의 역사

태양열 증류는 오래되었지만 검증된 기술이다. 최초의 기록은 1551년에 아랍의 연금술사가 물을 정제하기 위해 사용하였다는 것이다.

무세는 이후로도 몇 번 등장한 이름인데, 1869년경에 태양열 증류에 관하여 연구하였다.

우리가 알 수 있는 최초의 태양열 증류기는 1872년에 칠레 북부 지역의 라스 살리나스라는 광산지역에 건설되었다. 찰스 윌슨이라는 스웨덴 기술자에 의해 건설되었는데, 4,700 평방미터의 면적을 차지하는 당시로서는 거대한 스케일의 시설이었다. 이 시설은 매일 2만 3천리터 이상의 물을 생산하였다.

이 설비는 1912년에 문을 닫을 때까지 성공적으로 작동하면서 물을 생산하였다. 지금 설비가 있던 자리에 남은 것은 유리 조각과 염의 잔류물뿐이다.

PROJECT 13

시범용 태양열 증류기

준비물

- 큰 유리컵 (500 ml 정도)
- 작은 컵 (계란 하나 들어갈 크기)
- 포장용 비닐 랩
- 셀로판 테이프
- 동전 1개
- 티 백

필요한 도구

- 가위
- 주전자

이번 프로젝트에서는 태양열 증류기가 어떻게 작동하는지를 살펴볼 것이다. 과학전시회에서의 시연처럼 잘 작동하며, 몇 개의 부품을 간단하게 조립하면 바로 작동한다.

우선 증류해야 할 탁한 물을 만들어 두자. 만드는 간단한 방법은 주전자를 불 위에 얹고, 물이 끓으면 홍차를 넣어서 물이 탁하게 될 때까지 끓인다.

태양열 증류기를 만들기 위해서 작은 컵을 큰 컵의 가운데에 둔다. 그리고, 앞에서 만든 탁한 홍찻물을 큰 컵의 바닥에 따른다. 이 때 작은 컵 안으로 홍찻물이 들어가지 않도록 주의한다.

포장용 비닐 랩을 큰 컵의 위에 헐렁하게 덮어 씌우고, 큰 컵 위에 고정될 수 있도록 셀로판 테이프로 옆을 둘러싸서 고정한다.

덮어씌운 비닐 랩의 가운데를 손가락으로 눌러서 작은 컵 위에서 비닐 랩이 아래로 오목해지도록 만든다. 손가락으로 누를 때 비닐 랩에 구멍이 나지 않도록 주의하자.

작은 동전과 같은 것을 오목한 곳에 얹어두면 모양을 유지하기에 좋다. 다 만들고 나면 그림 7-2와 같이 될 것이다.

컵을 남쪽으로 난 창문가에 가져가서 이틀 징도 놓아 두자. 시간이 지나면 그림 7-3과 같이 덮어 둔 비닐 랩에 물방울이 맺히는 것을 볼 수 있을 것이다.

이 맺힌 물방울이 작은 컵으로 떨어지게 되는데, 이렇게 증류된 물은 맑고 깨끗하며, 더 이상 검은 홍찻물이 아니다.

여러분은 이제 태양열 증류기가 어떻게 작동하는지 알게 되었을 것이다.

그림 7-2 시범용 태양열 증류기.

그림 7-3 시범용 태양열 증류기에 맺힌 물.

PROJECT 14

구덩이 모양 태양열 증류기

준비물

- 폴리에틸렌 시트
- 컵
- 튜브
- 돌멩이

필요한 도구

- 삽

만약 무더운 지역에서 캠핑을 하거나, 사막 지대에 낙오되었을 경우에, 여기에 제시된 태양열 증류기는 마실 수 있는 깨끗한 물을 얻을 수 있는 가장 이상적인 방법이다.

우선 삽으로 적당한 크기의 구덩이를 파자. 그리고 이 구덩이에 풀, 나뭇잎이 무성한 나뭇가지, 선인장, 또는 오염된 물과 같이 수분을 함유하고 있는 것을 무엇이든지 넣도록 한다.

구덩이의 한 가운데에는 작은 컵이나 그릇과 같이 물을 채울 수 있는 용기를 세워두고, 여기에 튜브의 한 쪽 끝을 담근 후, 튜브의 나머지 끝을 바깥으로 빼낸다. 이렇게 하면, 태양열 증류기를 손대거나 해체하지 않고도 용기에 고인 물을 빼낼 수 있다.

구덩이, 즉 태양열 증류기의 위쪽을 폴리에틸렌 시트로 덮은 후, 구덩이 외곽 부분에 걸쳐진 시트를 돌멩이나 자갈과 같은 것으로 덮어 눌러서 시트를 고정시키자. 작은 돌멩이 하나를 구덩이 위에 있는 시트의 가운데 지점에 두어서 물받이 용기 바로 윗부분의 시트가 아래로 처지도록 하자. 이렇게 하면 그림 7-4와 같이 될 것이다.

시간이 지나면 시트에 맺힌 물방울이 모여서 물받이 용기로 떨어지게 되며, 물받이 용기에는 물이 고이게 된다. 그림 7-5에 보이는 것과 같이 조금만 빨아당기면 물받이 용기에 고인 깨끗이 증류된 물을 빼낼 수 있을 것이다.

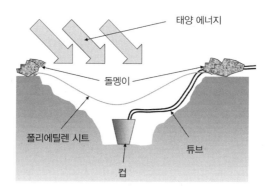

그림 7-4 구덩이 모양 태양열 증류기의 형태.

그림 7-5 태양열 증류기의 작동. 미국 농무성의 양해 하에 게재.

PROJECT 15

박스형 태양열 증류기

준비물

- 합판 또는 합판과 유사한 판재
- 틀
- 나사못
- 투명한 판 (유리 또는 폴리카보네이트)
- 금속제 U형 스트립
- 검은색 실리콘
- 홈통
- 홈통 끝마개
- 튜브
- 밸브

필요한 도구

- 실톱
- 드라이버
- 고무 롤러

이 프로젝트는 필요로 하는 물의 양에 따라 그 크기를 조절할 수 있으며, 그런 이유로 크기에 대한 치수는 특별히 언급하지 않았다.

먼저, 얼마만큼의 물을 만들어야 하는지 계산해 보자. 일반적으로 태양열 증류기는 1 평방미터의 면적에서 약 4 리터의 물을 만들 수 있다. 전제조건은 적어도 하루에 5시간은 충분한 일조량이 유지될 때이다. 태양열 증류기의 성능은 상황에 따라 변화하며, 이는 증류기가 받는 일조량에 직접적으로 연관된다.

먼저 합판을 이용해서 나무 상자를 만드는데, 한 쪽으로 약간 기울어진 모양으로 만든다. 이 정도 나무상자는 조금만 목공기술이 있어도 충분히 만들 수 있을 것이다.

상자의 높은 쪽에 구멍을 뚫고, 잠그고 열 수 있는 밸브가 달린 튜브를 밀어 넣는다. 이 튜브로는 증류할 물을 흘려 넣는다.

그리고, 고무 롤러와 검은색 실리콘을 준비하여, 검은색 실리콘을 나무 상자의 바닥에 균일하게 바른다. 안쪽의 옆면은 그리 중요하진 않지만, 역시 검은색 실리콘으로 완전히 바르는 것이 좋다.

증류기의 앞면, 즉 상자의 높이가 낮은 면에는 작은 홈통을 놓아둔다. 이 홈통은 증발되어 위쪽의 투명한 창에 맺힌 물이 아래로 흘러내린 것을 모으는 용도로 사용된다. 물론 홈통은 방수가 되는 재료로 만들어진 것이 좋다. 사용할 홈통은 빗물받이용으로 파는 것을 사서 쓰면 좋다. 나무 상자의 옆면에 드릴로 구멍을 하나 뚫어두면 사이펀을 이용하여 이 구멍을 통해 증류된 깨끗한 물을 빼낼 수 있다.

실리콘은 두 가지 기능을 한다. 하나는 검은색 표면을 이용하여 열을 모으는 역할이고, 또 하나는 코팅을 통해 나무상자에 방수기능을 부여하는 것이다.

나무 상자의 위쪽에는 투명한 창을 덮어야 하며, 창의 둘레 부분은 적절한 실란트를 발라서 접착과 방수기능을 부여하여야 한다.

나무 상자에 증류할 물을 넣을 때는 홈통의 높이보다 높이 채우지 않도록 주의한다. 태양열 증류기의 구조는 그림 7-6과 같다.

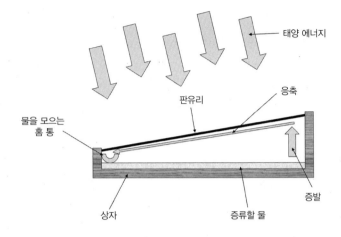

태양 에너지

응축

판유리

물을 모으는
홈 통

상자

증류할 물

증발

그림 7-6 박스형 태양열 증류기.

CHAPTER **8**

태양열 집열기

태양은 대단히 넓은 면적에 엄청난 양의 에너지를 공급하고 있다. 하지만, 우리가 만드는 태양 장비는 상당히 작아서, 소량의 태양에너지만을 사용할 수 있다. 만약 우리가 넓은 면적에 뿌려지는 태양에너지를 모아서 좁은 면적에 집중시킬 수 있다면 무엇을 할 수 있을까? 이와 같이 좁은 면적에 많은 태양에너지를 집중하고자 하는 것은 논리적으로 합리적인 사고이다.

💬 태양열 집열기는 실제로 어떤 역할을 하는가?

실제로 태양광은 좁은 면적에 집중될 때 실로 엄청난 에너지를 보여준다. 만약 여러분이 어릴 때 악동이었다면, 아마도 돋보기로 불쌍한 개미를 태워 본 적이 있을 것이다. 만약 거대한 거인이 여러분에게 돋보기를 들이댄다면? 나의 중학교 시절의 기억에는 친구들이 타르로 칠해진 나무에 돋보기를 비춰서 연기가 나는 것을 본 적이 있다. 비록 그 때는 그게 무엇인지 몰랐지만, 우리는 바로 태양열 집열기를 만들었던 것이다.

이 책을 읽기가 지겨울 수도 있을 것이다. 집열기는 전혀 새로운 개념이 아니며, 그리스 시대에 이미 '대량 살상을 위한 무기'로 사용된 적이 있다고 알려져 있다. 당시에는 거대한 반사경을 이용하여 적군의 배를 불태우는데 사용하였다고 한다.

아르키메데스는-아마도 많이 들어 본 이름일 것이다-새로운 발견을 많이 하였으며, 그 중에는 아르키메데스의 나선 펌프 같은 것이 있다. 어쨌든 그가 오목한 청동거울을 이용하여 태양빛을 집중하여 반사시키는 죽음의 광선을 이용하여 적군의 배를 불태웠다는 전설같은 이야기가 전해지고 있다.

'Epitome ton Isotorion'이라는 책에서, 존 조나라스는 다음과 같이 묘사하고 있다. "마침내 믿을 수 없는 방법으로 그는 로마의 함선을 모두 불태웠다. 태양을 향해 있는 거울과 같은 것을 기울임으로써 그는 태양광선을 거울을 사용하여 집중시켰다. 거울의 두께와 반질반질함 덕분에 그는 집중된 광선으로 거대한 화염을 일으킬 수 있었으며, 그는 불을 붙일 수 있는 범위 내에 닻을 내리고 있는 적군의 배에 광선을 비춰서 모든 배들을 불태울 수 있었다."

이 죽음의 무기는 기원전 212년의 시라큐스 포위공격에서 사용되었다고 전해진다.

그리고, 다음은 MIT에서 행한 실험이다.

첫째로 2.009 수업을 듣는 많은 학생들과 스탠드로 사용할 많은 의자, 그리고 많은 거울이 사용되었다 (그림 8-1). 이렇게 비용이 많이 드는 실험은 아마도 MIT라서 가능하지 않았을까?

다음은 모든 학생들이 각자의 거울을 들고 태양빛이 모형 배에 비치도록 하였다. 보라 타오르는 불꽃을 (그림 8-2)!

그림 8-3에서 불꽃이 나무에 엄청난 흔적을 남긴 것을 볼 수 있다. 이처럼 넓은 면적에 퍼진 거울들의 에너지를 집중하면 엄청난 무기가 될 수 있다!

그림 8-4에서 어떻게 MIT에서 우리의 다음 번 프로젝트와 유사한 기술을 사용했는지 알 수 있다. 각각의 거울을 종이로 덮어씌우고, 각각의 거울을 정렬한 후, 종이의 일부를 제거하고, 거울의 각도를 조정하자. 거울의 각도 조정이 완료되면 거울을 덮은 종이를 재빨리 완전히 제거하도록 하자.

모든 역사적인 발견이 그러했듯이 여기에도 종이봉투의 뒷면에 에너지의 양에 대해 계산한 사진이 있다 (그림 8-5).

자, 이제는 여러분 차례이다!

그림 8-1 학생, 의자, 그리고 거울. MIT의 양해 하에 게재.

그림 8-2 모형 배에 불이 붙기 시작-아르키메데스의 이론 입증. MIT의 양해 하에 게재.

그림 8-3 불탄 선체. MIT의 양해 하에 게재.

그림 8-4 거울의 정렬. MIT의 양해 하에 게재.

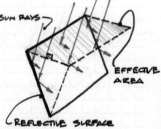

WOOD PLACED ON AN ELECTRIC RANGE ELEMENT BURNS
A LARGE RANGE ELEMENT USES ≃ 1500 W

∴ ≃ 1500 W/Ft² SHOULD BURN WOOD

SOLAR INSOLATION IS ≃ 1000 W/m²

∴ ≃ 1.5 m² CONCENTRATED ON 1 Ft² IDEALLY WOULD
BURN WOOD

GUESS THAT GEOMETRY IS
SUCH THAT EFFECTIVE
COLLECTING AREA IS REDUCED
BY ½.

▶ ESTIMATE: 3m² COLLECTOR
FOCUSED ON 1 SQUARE FOOT
SHOULD IGNITE WOOD

SUN RAYS

EFFECTIVE
AREA

REFLECTIVE SURFACE

그림 8-5 거울의 면적을 산정하기 위한 계산. MIT의 양해 하에 게재.

PROJECT 16

나만의 '죽음의 태양광선' 만들기

준비물

- MDF 판자

- 휠 수 있는 아크릴 거울판

- 긴 태핑나사 72개

필요한 도구

- 실리콘 실란트

[선택사항]

- 실란트 건

⓵ **주의**

띠톱으로 쉽게 자를 수 있고, 작업하기가 용이하기 때문에 여기에서는 아크릴 거울을 사용하였다. 하지만 원하는 대로 가공할 수 있는 여건이 된다면 유리로 된 거울을 사용하여도 좋다. 유리로 된 거울을 사용할 때에는 파손에 주의하여야 하므로 작업하기 훨씬 까다롭다.

좋다. 마침내 여러분은 동생을 녹여서 없애 버리기로 결정했는가? 만일 녹이기가 어렵다면 이번에 만들 죽음의 태양광선으로 새까맣게 태워버리도록 하자! 물론 앞의 이야기는 농담이며, 이 말을 진짜로 믿을 사람은 없으리라 생각한다.

걱정할 필요는 없다. MIT의 학생들이 했듯이 많은 의자나 여러 장의 A4 크기의 거울을 필요로 하지는 않는다. 대신에 플라스틱 거울에서 잘라낸 여러 장의 타일을 이용하여 죽음의 광선을 만들도록 하자.

계획은 간단하다. 한 번에 한 장씩 죽음의 광선 타일을 만들면 된다. 타일 한 장이면 실험하기에는 충분하지만, 만약 더욱 숙달되었다고 느껴지면 타일을 한 장씩 추가하면 된다.

시작하기에 앞서, 36 cm² (6 cm X 6 cm) 크기로 MDF판을 잘라두는 것이 좋다. 물론 이 치수는 임의로 정한 것이며 변경 가능하다.

이제 자와 삼각자를 이용해서 정사각형을 만들자. MDF판에 (6개의 정사각형) X (6개의 정사각형)으로 구성된 매트릭스를 그린다. 이 때 각각의 정사각형은 한 변의 길이가 6 cm가 되도록 한다. 다음은 자와 삼각자를 이용해서 각각의 선의 양쪽으로 1 cm 떨어진 선을 긋는다. 이렇게 하면 그림 8-6과 같은 합판이 얻어질 것이다.

다음은 거울을 지지할 나사못을 박을 수 있는 구멍을 드릴로 뚫는다. 구멍을 뚫을 때는 나사못보다 조금 작은 크기의 드릴을 사용하는 것이 좋다. 나무 판자 두 장을 결합할 때는 나사못이 구멍에 딱 맞지 않아도 되지만, 만약 나사못을 수직으로 바로 세우고자 한다면, 구멍이 조금 작은 것이 유리하다.

사각형으로 가득 찬 판자를 보자. 각각의 사각형마다 2개의 구멍을 뚫을 것이다. 구멍의 위치는 오른쪽 위와 왼쪽 아래의 사각형의 안쪽에 그은 선이 만나는 지점이다. 만약에 헷갈린다면, 그림 8-7을 참조하여 정확한 위치를 확인하도록 하자.

일단 구멍을 72개 뚫은 다음에는 나사못을 제자리에 모두 박아야 한다. 이는 상당히 지루한 작업이니, 동생에게 도와달라고 부탁하도록 하자. 만약에 동생이 없다면 전동 드라이버를 구입하는 것도 좋은 생각이다. 이는 게으른 사람을 위한 해결책이다.

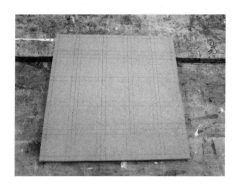

그림 8-6 선들이 그려진 MDF판.

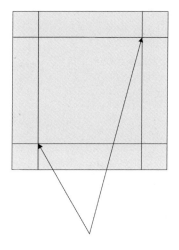

그림 8-7 나사못용 구멍을 뚫을 위치.

판자의 반대쪽으로 나사못이 살짝 튀어나올 정도로 나사못을 박으면 그림 8-8과 같이 될 것이다.

이제 아크릴 거울 차례이다. 띠톱을 이용해서 6 cm X 6 cm짜리 아크릴 거울 36장을 만들도록 하자. 띠톱으로 작업하는 손쉬운 방법은 띠톱의 작업거리를 6 cm로 만들어서 먼저 6 cm 길이로 아크릴 거울을 길게 자른 후, 기다란 아크릴 거울을 다시 6 cm 길이로 자르면 원하는 크기의 사각형 거울을 얻게 된다.

작업이 완료되었으면, 이제는 거울을 제자리에 고정하도록 하자. 나사와 만나지 않는 모서리를 손으로 잡고, 이 부분을 합판에 붙인다. 즉, 거울의 두 모서리는 풀이나 실리콘 실란트에 의해 고정되고, 나머지 두 모서리는 나사못의 끝부분에 의해 지지되게 된다. 나사못을 돌리면 이 끝부분의 튀어나온 정도를 조절하여 거울의 각도를 조정할 수 있게 된다 (그림 8-9).

거울을 모두 설치하였다면, 작은 종이를 거울마다 쉽게 뗄 수 있도록 붙이는데, 포스트잇을 사용하면 아주 편리하다.

그림 8-8 나사못을 모두 박은 합판의 모습.

그림 8-9 거울이 설치된 합판이 점점 모양을 갖추고 있다.

집열판을 태양에 마주보도록 세우자. 귀퉁이에 있는 거울에 붙은 포스트잇을 떼어 보자. 반사된 빛이 어디로 비치는지 확인하고 그 자리에 X자로 표시하자. 이 위치에 가열할 대상이나 불을 붙일 나무토막이 위치하게 될 것이다.

이제 하나 하나씩 나사를 조정해서 각각의 거울의 위치를 조정하자. 태양은 계속해서 움직이므로, 이 작업은 가능한 한 재빨리 하는 것이 좋다.

마침내 모든 거울의 반사되는 위치가 한 군데가 되도록 하였다면, 이 집중된 에너지를 요리, 가열 또는 발화 실험에 사용할 수 있을 것이다.

💬 포물선형 접시 집열기

접시 형태는 분산된 에너지를 초점에 집중시키는데 아주 유용하다. 이웃집을 살펴보면 집집마다 여기 저기에 접시처럼 생긴 안테나들이 붙어있는 것을 볼 수 있을 것이다. 이 접시들은 무슨 역할을 할까? 바로 집열기와 같은 작용이다. 이 안테나들은 저 높은 하늘의 인공위성에서 방출된 전파를 초점에 모아서 신호를 강하게 하는 역할을 한다. 비슷한 것으로는 산봉우리 사이에 설치된 거대한 전파망원경이 있다. 이러한 전파망원경도 정확히 같은 작용을 하며, 넓은 지역에 오는 전파신호를 아주 작은 지점에 집중시킨다. 이와 같이 접시 안테나는 약한 신호를 좁은 지역에 집중시킴으로써, 신호의 해석이 가능하게 한다.

포물선형 접시를 이용한 태양열 집열기도 동일한 기능을 하며, 단지 차이는 접시를 코팅한 소재가 다르다는 것이다. 전파를 반사하기보다는 빛을 반사해야 하므로, 거울처럼 반사가 잘 되도록 코팅해야 한다.

이러한 개념도 역시 새로운 것은 아니며, 1800년대에 오거스틴 무셰라는 프랑스 기술자가 태양에너지를 집중시키기 위해 사용한 적이 있다. 무셰는 석탄이 모두 사용되고, '피크 오일'과 같이 '피크 석탄'의 시기가 닥쳐오는 것을 염려했다. 그는 그 당시에 "산업의 급격한 팽창을 유지할 수 있을 만큼의 자원을 유럽 내에서 구하는 것에는 한계가 있다. 석탄은 언젠가는 모두 소모될 것이다."라고 주장하였다. 그림 8-10은 무셰가 만든 태양열 집열기 중의 하나를 보여주고 있다. 조금 뒤인 1882년에 아벨 피프르는 무셰의 도움을 받아 파리의 튈르리 정원에서 태양에너지에 의해 작동되는 인쇄기를 시연하였다. 여기에는 3.5 m 지름의 오목한 접시가 사용되었다. 이 접시의 초점에는 증기보일러를 설치하였으며, 이 보일러는 인쇄기를 작동시킬 증기를 공급하였다. 이 시연 광경은 그림 8-11과 같이 기록되어 있다.

그림 8-10 무셰가 만든 태양열 집열기 중의 하나.

그림 8-11 피프르의 태양에너지로 작동되는 인쇄기.

접시 형태는 분산된 에너지를 초점에 집중시키는데 아주 유용하다. (그림 8-12a와 b). 그림 8-13에서는 평행하게 입사되는 빛이 포물선형 거울에 반사되어 어떻게 한 점에 집중되는가를 보여주고 있다.

주목

만약 포물선형 거울을 값싸게 구하고 싶다면, 옥스포드 대학에서 만드는 태양에너지 키트 (그림 8-14)
를 구입하면 좋다. 이 키트는 비싸지 않으면서, 플라스틱 포물선형 거울을 포함하고 있다.

(a)

(b)

그림 8-12 포물선형 거울은 태양으로부터 평행으로 입사하는 빛을 한 점에 집중시킨다.

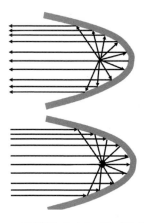

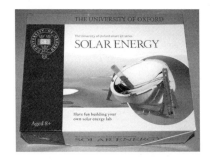

그림 8-13 포물선형이 어떻게 빛을 집중시키는지를
보여주는 개념도.

그림 8-14 옥스포드 대학에서 생산하는 태양에너지
키트.

PROJECT 17

나만의 포물선형 접시 집열기 만들기

준비물

- 낡은 위성 안테나
- 목욕탕이나 부엌용 타일 접착제
- 작은 거울 타일들

필요한 도구

- 접착제용 빗
- 버터 나이프

> **주목**
>
> 집에서 벽에 세라믹 타일을 붙일 때 사용하는 것과 같은 접착제가 필요하다.
>
> 방수가 되는 접착제를 구해야 하며, 방수가 되지 않는다면 야외에서 사용하기는 곤란하다. 따라서 목욕탕이나 부엌용 접착제를 사용하기를 강력히 추천한다.

이번 프로젝트는 포물선형 접시 집열기를 아주 손쉽게 만드는 방법인데, 이는 낡은 물품을 재활용해서 만들 수 있다. 먼저 접시모양의 위성안테나를 구하고, 접착제용 빗을 방수 접착제에 담그자. 접시의 중심에서부터 바깥 방향으로 접착제를 접착제용 빗을 이용해서 펴서 바르자.

115

빗이 하는 역할은 접착제를 고랑 모양으로 발라주는 것이다. 이렇게 하면 접착제 위에 타일을 눌러 붙일 때, 접착제가 옆으로 퍼질 공간을 제공하게 된다. 만일 평평한 것으로 접착제를 골고루 바르게 되면, 타일을 눌러 붙일 때, 접착제가 옆으로 새나오게 나오게 되며, 타일을 붙인 주위가 아주 지저분하게 된다. 중심부에서 시작해서 계속 타일을 붙이는데, 가능하면 포물선형 접시의 형태를 유지할 수 있도록 붙이자.

> ⓘ **주의**
>
> 이 작업은 차고나 그늘에서 하기를 추천한다. 거울을 많이 붙이게 되면 조금의 햇볕에 의해서도 뜨거운 초점이 형성될 수 있어, 조금만 실수하면 작업 중에 화상을 입을 수도 있기 때문이다.

> 🔍 **주목**
>
> 작업 중에 접착제로 인해 지저분해졌다면, 일단 타일이 고정될 때까지 잠시 동안만 기다리자. 접착제가 완전히 건조될 때까지 기다리면 떼기가 더 어려워진다. 접착제가 약간이라도 액체상태일 때 제거하는 것이 좋으며, 못쓰는 헝겊을 적셔서 거울 타일을 닦은 후 버리면 된다.

💬 공짜 에너지?

태양열 접시는 태양의 엄청난 에너지를 모을 수 있으며, 접시에 비치는 모든 에너지를 중앙의 한 점에 모을 수 있다.

2004년 말에 샌디아 국립연구소는 스털링 에너지 시스템을 만들었으며 여섯 장의 접시 거울로 성능을 평가하고 있다고 발표하였다. 이 여섯 장의 접시 거울은 주간에 150 kW의 전력을 생산하였으며, 이는 40가구에 공급하기에 충분한 양이다.

각각의 접시는 82개의 거울로 이루어져 있으며, 이 거울들은 한 점에 초점이 모이게 설치되었다. 이렇게 함으로써 스털링 엔진을 작동시키기 위한 충분한 열을 얻을 수 있었다. 스털링 엔진은 열에너지를 기계에너지로 변환시키는 작용을 하며, 이 기계에너지는 발전기를 통해 전기에너지로 전환된다 (그림 8-16).

태양열 접시 시스템의 본질적인 문제 중 하나는, 초점을 잘 유지하기 위해서 태양을 추적해야 한다는 것이다. 옛날 시스템은 크고 무거운 거울을 사용했기 때문에 태양을 추적하기 위해 크고 에너지가 많이 소모되는 구동모터를 사용하여야 했다. 하지만 최신의 집열기에서는 거울이 벌집 구조를 가지도록 설계하여 더욱 튼튼하고 가벼워졌다.

현재 세계에서 가장 큰 접시형 태양열 집열기를 만들려는 계획이 진행 중이다. 만약 충분히 기술이 성숙되면 거대한 평원을 20,000개의 태양열 집열기가 채우게 될 것이며, 이 집열기들은 태양에너지로부터 공짜로 전력을 생산하게 될 것이다.

그림 8-15 시험 중인 태양열 접시 엔진 시스템. 샌디아 국립연구소의 양해 하에 게재(랜디 몬토야 촬영).

그림 8-16 10 kW급 태양열 접시 스털링 엔진의 물펌프. 샌디아 국립연구소의 양해 하에 게재(랜디 몬토야 촬영).

그림 8-17 태양열 엔진이 가득 설치된 가상도. 샌디아 국립연구소의 양해 하에 게재(랜디 몬토야 촬영).

PROJECT 18

프레넬 렌즈 집열기를 이용한 실험

준비물

- 프레넬 렌즈
- 깃털
- 작은 고무 조각
- 양초
- 태양전지
- 멀티 미터

태양에너지를 모으기 위해서 1 평방미터 넓이의 커다란 렌즈를 만든다고 생각해 보자. 무엇으로 만들 것인가? 먼저 1 평방미터를 덮을 수 있는 커다란 렌즈가 필요할 것이며, 이는 부피 또한 클 것이다. 부피가 큰 부품을 쓰는 것은 효율적이지 않으며, 만약 더 적은 양의 물질을 써서 렌즈를 만들 수 있다면 좋을 것이다. 이렇게 하면 여러 가지 장점이 있는데, 우선 렌즈를 만들기 위한 재료가 적게 들어가는 것이 있다. 재료가 적게 들어가게 되면 렌즈의 값이 싸지고, 또한 무게도 가벼워지게 된다. 무게가 가벼워지게 되면 태양추적 시스템이 움직여야 할 대상의 무게가 줄어들게 되므로, 태양추적을 위한 에너지 소모도 줄어들게 된다.

주목

아주 큰 프레넬 렌즈는 엄청난 에너지를 만들 수 있다. 커다란 프레넬 렌즈를 사용하기 이전의 연습으로 여기에서는 책을 볼 때 쓸 수 있는 책갈피 돋보기와 같은 작은 프레넬 렌즈로 실험할 것이다.

● 어디서 프레넬 렌즈를 구할까?

프레넬 렌즈를 구할 수 있는 몇 가지 방법이 있으며, 중고이냐 새 것이냐에 따라 그 가격은 천차만별이다.

그림 8-18에 보이는 것과 같은 자동차용 프레넬 렌즈 정도면 아주 적합하다. 자동차용 프레넬 렌즈는 작고 거칠지만, 충분히 렌즈로서의 역할을 한다. 따라서 이것만 있어도 재미있게 실험할 수 있다.

프레넬 렌즈는 종종 서점에서 작은 신용카드 크기나 조금 더 큰 플라스틱 판으로 판매되기도 한다. 주로 투명 책갈피에 프레넬 렌즈를 새겨서 판매하며, 시력이 나쁜 사람이 돋보기로 사용할 수 있다. 이 렌즈는 크지 않지만, 아주 정밀한 구조를 가지고 있다.

오버헤드 프로젝터는 프레넬 렌즈의 좋은 예이다. 주위에 버려진 낡은 프로젝터가 있다면, 투명필름을 얹는 면이 프레넬 부분으로 되어 있는 것을 알 수 있을 것이다. 이제는 대부분의 사람들이 비디오 프로젝터와 파워포인트를 사용하고 있기 때문에, 대학교나 중고등학교에서 사용하지 않는 오버헤드 프로젝터를 발견할 수도 있다.

낡은 프로젝션 텔레비전은 화상을 크게 하기 위해 커다란 프레넬 렌즈를 사용하는 또 다른 제품이다. 분해하는 것이 조금 힘들 수 있으니, 누군가의 도움을 받는 것이 좋다. 다음 번 생일까지 무사하고 싶다면, 아버지의 새 텔레비전은 건드리지 말고, 낡아서 버려진 텔레비전을 찾도록 하자.

만약 적당한 것을 구할 방법이 없다면, 네이버에서 '프레넬 렌즈 구매'로 검색해 보자. 몇 군데 구매가 가능한 곳을 찾을 수 있을 것이다. 그 외에도 프레넬 렌즈를 이용해서 낡은 텔레비전을 프로젝션 텔레비전으로 개조해 주는 키트를 파는 곳들이 있는데, 이 키트들의 가격은 상당히 고가이다. 또한 온라인 경매 사이트를 통해서 구매할 수도 있다. 이 책의 부록에는 프레넬 렌즈를 파는 곳의 목록을 정리해 두었으니 참고하기 바란다.

그림 8-18 자동차용 프레넬 렌즈.

● 프레넬 렌즈의 원리는?

어떻게 프레넬 렌즈를 만들고, 동작원리는 무엇인지를 알기 위해서는 약간의 사고 실험이 필요하다. 자 이제 머리 속으로 그림을 상상해 보자. 한쪽 면이 평평한 볼록 렌즈를 가지고 있다. 지금부터 도구를 이용해서 렌즈의 평평한 면을 렌즈의 중심부에서부터 유리를 깎아내도록 하자. 이 때 사용되는 도구는 끝이 평평한 데, 유리의 둥근 곡면과 만나게 되면 그만 깎아내도록 한다. 다음에는 조금 더 큰 도구를 이용해서 동일한 작업을 하자. 이렇게 도구의 크기를 키우면서 계속 작업을 하면 속이 거의 빈 렌즈가 만들어지게 될 것이다.

만약 평평한 쪽에서 렌즈를 들여다보면, 동심원 모양으로 계단이 생겨 있는 것이 보일 것이다. 마지막으로 둥근 곡면을 유지하고 있는 렌즈를 양쪽에서 눌러서 평평하게 만들자. 그렇게 하면 프레넬 렌즈를 만든 것이 된다.

잘 상상이 되지 않는가? 그림 8-19를 보면 위의 설명을 이해할 수 있을 것이다.

한 가지 기억해야 할 것은 프레넬 렌즈가 가볍지만, 원래의 볼록렌즈와 완전히 동일한 성능을 가지지는 않는다. 그런 이유 때문에 정밀한 카메라나 현미경에는 프레넬 렌즈를 사용하지 않는다.

그림 8-20을 보면, 얇은 플라스틱 프레넬 렌즈를 이용해서 어느 정도 확대가 되는지를 알 수 있다.

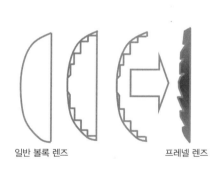

일반 볼록 렌즈   프레넬 렌즈

그림 8-19 일반적인 볼록렌즈와 프레넬 렌즈와의 비교.   그림 8-20 얇은 프레넬 렌즈를 이용하여 확대한 모습.

● 프레넬 태양열 집열기로 할 수 있는 실험들

온도계를 이용해서 태양빛을 집중한 곳의 온도를 측정해 보자. 만약 온도계의 아래쪽 부분을 검은 종이나 알루미늄 호일로 감싸면 어떻게 되는지 확인해 보자.

태양광을 집열하면 아마도 깃털에 불을 붙일 수 있을 것이며, 잘 하면 고무조각이나 플라스틱에도 불을 붙일 수 있다.

태양전지에 멀티 미터를 연결한 후, 집광된 빛을 비추면서 태양전지의 성능이 어떻게 변하는지 알아보자.

집열된 초점에 양초를 두고, 양초를 녹일 수 있는지 시험해 보자.

그림 8-21 프레넬 렌즈를 이용한 집광.

CHAPTER 9

태양광 펌핑

PROJECT 19 : 태양광으로 작동되는 분수 만들기

SOLAR ENERGY PROJECTS

우리는 일상생활에서 마시고, 씻고, 요리하고, 농사를 짓기 위해 언제나 물을 필요로 한다. 따라서 물을 펌핑하는 것은 매우 중요한 일이다. 물은 공업용수로도 사용되며, 자연 속의 강이나 계곡 같은 아름다운 풍광을 만들어내는 요소로도 작용한다.

해가 비치고 있을 때, 물을 더욱 필요로 하는 경우가 많으므로, 태양에너지를 이용해서 물을 펌핑하는 것은 상당히 논리적인 생각이다. 농업을 생각해 보면, 여름에는 더 많은 농업용수가 필요한데, 여름철에 가장 많은 일조량이 제공되고 있다.

우리는 물을 주변의 환경을 개선하기 위해 사용할 수도 있다. 물을 보거나 물소리를 들으면 마음이 고요해지며, 또한 풍수지리학에서도 물의 역할은 매우 중요하다.

물은 토지의 가치를 높이기도 한다. 영국의 최우수 공학 및 제조업 센터 (Centre for Engineering and Manufacturing Excellence, CEME)는 지붕에 설치한 태양전지로 작동되는 그림 9-1에 보이는 것과 같은 분수를 가지고 있다.

집에서는 태양이 쬐는 낮에 여러분의 정원에 물을 주기 위해 비슷한 방법을 사용할 수 있다. 물론 흐리거나 구름이 뒤덮인 날은 효과가 덜할 것이다.

위와 같은 응용에 있어서, 태양이 잠시 가리워지는 것은 별 문제가 되지 않는다.

물의 저장은 아주 간단하다. 물을 펌핑해서 저장탱크에 보관하기만 하면 되므로, 언제 물을 펌핑해서 저장하는가는 상관이 없다. 이는 우리가 저장탱크를 사용하면, 태양이 간헐적으로 비추더라도 물을 충분히 잘 활용할 수 있다는 것을 의미한다.

낮은 일조량에서 사용할 수 있는 또 다른 방법이 있는데, 이는 태양전지에서 발전한 전력을 콘덴서에 저장하는 것이다. 콘덴서에 충분한 양의 전력이 충전되면, 이를 이용해서 물을 펌핑하는 것이며, 이와 같은 작업을 반복하면 저장탱크에 물이 차게 된다. 이는 영국의 대체기술 연구센터 (Centre for Alternative Technology, CAT)에 전시되어 있으며, 그림 9-2와 같다.

물을 펌핑하는 것은 일반적인 전력공급에도 활용된다. 영국 웨일즈의 디노그에 있는 양수발전소는 잉여전력을 이용하여 큰 저수지에 물을 끌어올려 두었다가, 나중에 전력이 부족할 경우에 끌어올린 물을 이용하여 수력발전을 한다.

이상에서 태양에너지를 이용하여 물을 펌핑해야 하는 많은 이유들을 살펴보았다. 이제 프로젝트를 직접 해 보자.

그림 9-1 영국의 CEME에 있는 태양전지로 작동되는 분수.

그림 9-2 영국의 CAT에 있는 태양광 펌핑 시연 장비.

PROJECT 19

태양광으로 작동되는 분수 만들기

여러분의 학교나 집 또는 사무실에 태양광으로 작동되는 분수를 설치해 보자. 아마도 주변환경이 훨씬 좋아질 것이다. 현대 문명을 살아가는 사람들은 고요하고 명상을 할 수 있는 공간에 대한 욕구가 강하다. 만약 졸졸 흐르는 물소리를 들을 수 있다면, 더욱 편안한 마음을 가질 수 있을 것이다.

먼저 어떤 분수를 만들 것인가를 정하도록 하자. 물을 위로 쭈욱 솟아오르게 할 것인지, 위로 분사하게 할 것인지, 그냥 물이 졸졸 흘러내리게만 할 것인지, 아니면 수막을 종모양으로 만드는 분수를 만들 것인지 결정하여야 한다.

원하는 분수의 형태를 정하였다면, 정원용품 가게로 가서 어떤 물건과 부품들을 파는지 확인하도록 하자. 일반적인 펌프 부품들은 정격유량이 정해져 있으며, 이들을 고려하면 물을 얼마나 높이 펌핑해야 하는지도 계산이 가능하다. 이와 같은 계산을 하는 것을 수력학이라고 하며, 끌어올리는 물의 높이는 '수두 (Head)'라고 하는데, 이 수두의 크기에 따라서 펌프를 선정하여야 한다.

대략 이야기하면, 조용하게 졸졸 흐르는 물을 위해서는 분당 3~8 리터의 물을 펌핑하면 된다.

좀 더 활기차게 흐르게 하고 싶다면 물이 쭈욱 솟아오르게 해야 하며, 이를 위해서는 분당 15~27 리터의 물을 펌핑해야 한다.

물이 아주 세차게 뿜어 오르게 하려면, 분당 27~60 리터의 물을 펌핑해야 한다.

조언

아래 사이트에서는 미터법과 야드파운드법의 단위를 변환하는 서비스를 제공한다.

http://www.deltainstrumentation.com/calcs.html

제조업체의 설명서는 종종 낙관적이고, 때로는 믿음직하지 않을 경우도 있다. 정확하지는 않겠지만, 대충의 유량을 확인하고 싶다면 양동이와 초시계를 준비하자. 그리고 양동이를 물로 채우는데 걸리는 시간을 측정하면 펌프의 유량을 알 수 있다.

Tip

펌프 규격 읽는 법

제조업체로부터 펌프를 구매하게 되면, 자세한 설명서가 따라오며, 최대로 올릴 수 있는 물의 높이, 즉 수두가 얼마인지 적혀있다. 또한 흐르는 물의 양을 뜻하는 물의 유량도 알 수 있다. 만약 요구되는 수두값이 크다면, 유량이 줄어들게 될 것이다. 펌프를 고를 때는 이와 같은 사항들을 명심해 두도록 하자.

펌프를 선택할 때, 펌프의 종류가 매우 많다는 것을 알고 있어야 한다. 우리가 필요로 하는 펌프는 '직류 수중펌프 (DC submersible pump)'이다. 수중 펌프는 방수처리가 되어 있어 물웅덩이에 잠겨도 상관이 없다. 펌프는 물웅덩이에서 물을 빨아들인 후, 이를 배관을 통해 밀어낸다. 이러한 펌프의 장점 중 하나는 펌프에 '마중물'이 필요 없다는 것이다. 어떤 펌프는 마중물을 필요로 하는데, 이런 펌프를 작동시키는 것은 매우 번거롭다.

힌트

수평으로 설치된 파이프를 고려할 때 10:1 법칙을 기억하자. 만약 12 mm의 파이프를 사용한다면, 수평으로 10m 의 거리를 갈 때, 소모되는 수두값은 1 m이다. 이는 수평으로 설치된 파이프라도 내부를 흘러가면서 저항이 걸리기 때문이다.

우리가 가진 태양전지가 공급하는 전력과 잘 맞는 펌프를 골라야 한다. 전압은 12 V에 적합한 것을 고르는 것이 좋으며, 태양전지는 필요로 하는 용량보다 조금 큰 것을 준비하는 것이 좋다. 이렇게 하면 조금 흐린 날에도 작동에 필요한 전력을 충분하게 공급할 수 있기 때문이다.

만약 저전압에서 작동되는 펌프를 구하지 못했다면, 선박용 잡화상이나 보트 가게에 가 보자. 이들 가게에는 종종 배 밑에 고인 물을 퍼내기 위한 저전압 펌프를 가지고 있는 경우가 있다. 이 펌프는 빌지 펌프라고 부르며, 많이 비싸지도 않다.

Tip

태양전지 판의 설치

태양전지 판을 제대로 설치하려면 이 책의 다른 장의 내용들도 주의깊게 살펴두는 것이 좋다. 태양전지 판을 설치할 때에는 절연에 신경을 써야 하는데, 그림 9-3의 방수 태양전지 케이스는 사용하기에 편리하다.

태양전지 판을 구석진 곳에 두지 말고, 잘 보이는 곳에 자랑스럽게 설치하도록 하자. 그림 9-4에 보이는 CAT의 태양전지 분수처럼 잘 보이도록 설치하자.

작업을 간단하고 쉽게 하는 방법은, 그림 9-5에 보이는 것처럼 태양전지 판과 펌프를 직접 전선으로 연결하는 것이다. 이렇게 하면, 태양전지 판에 비치는 빛의 양과 흐르는 물의 양과의 관계를 직접 확인할 수 있다. 그러나, 이렇게 하면 구름이 낀 흐린 날에는 잘 작동하지 않을 것이다. 설사 그렇다고 하더라도, 구름 낀 날에 바깥을 나가는 사람이 많지 않으니 큰 상관은 없을 것이다.

실제로 설치하기 전에, 펌프를 양동이에 담근 후, 태양전지 판과 연결하여 모든 것이 예상한 대로 작동하는지 확인하도록 하자. 작동의 확인은 태양전지 판의 영향을 제거하기 위해, 태양빛이 충분히 강한 날에 하는 것이 좋다.

다음은 펌프를 설치할 물웅덩이를 만들 차례이다. 커다란 방수 용기나 양동이를 사용해도 좋다.

만약 힘이 넘친다면, 정원을 파서 물웅덩이를 만드는 것도 좋다. 구덩이를 판 후, 모래를 한 층 깔고 그 위에 적절한 방수포를 덮으면 된다. 이 때, 주의할 것은 방수포가 찢어질 수 있는 뾰족하게 튀어나온 부분이 없도록 해야 한다.

물웅덩이에 충분한 양의 물을 담게 하려면, 물을 새로 보충하기보다는 순환되도록 하는 것이 좋다. 수중 펌프는 완전히 물에 잠긴 상태로 작동하여야 하니, 수중 펌프가 물에 완전히 잠겼는지 확인하도록 하자.

모든 것이 충분히 잘 작동되고 있는 것을 확인하였고, 준비가 완료되었다면, 이제 분수를 설치하도록 하자.

그림 9-3 방수 태양전지 판.

그림 9-4 전시 중인 태양전지 판.

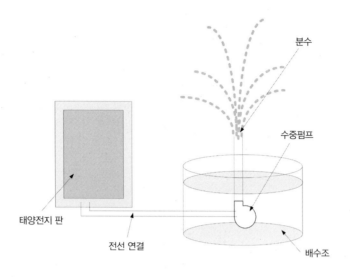

그림 9-5 태양전지를 이용한 분수의 모식도.

힌트

저전압 저전류의 태양전지 판을 사용하기 때문에, 일반적으로 퓨즈나 전력차단기를 사용하지 않아도 된다. 하지만 안전하게 하려면 지역의 전기관련 법규를 확인하여 규정에 있다면 전력차단 설비를 추가하는 것이 좋다.

🔵 고려해야 할 점

구리배관과 용접기를 사용하는 것보다 휘어지는 플라스틱 배관과 호스클립을 이용하는 것이 훨씬 편리하다. 전선을 안전하게 보호하고 싶으면 전선을 딱딱한 파이프 안에 넣는 것이 안전하다. 땅속에 묻지 않고, 지상에 잘 보이는 곳에 노출시켜 두면 더욱 안전하다. 만일 전선만 묻어두면 시간이 지나면서 피복이 쓸려서 벗겨지거나, 정원에서의 삽질과 같은 작업 중에 실수로 잘릴 수가 있다.

SOLAR ENERGY PROJECTS

CHAPTER **10**

태양전지

태양전지는 태양으로부터 빛을 받아서 이를 바로 전기로 변환시키는 장치이다. 이 과정에서는 어떠한 배출가스나 유해물질도 나오지 않으며, 완벽히 소음이 없는 발전방식이다.

💬 태양전지의 기원

1839년도에 광기전 효과를 발견한 프랑스의 물리학자인 에드먼드 베크렐의 업적이 없었다면, 오늘날의 태양전지는 존재하지 않을지도 모른다. 실제로 베크렐은 태양전지에 대해 알고 싶어 하는 여러분 과학영재에게는 상당한 자극과 영감을 줄 수 있는 과학자이다. 그가 광기전 효과를 발견한 것은 불과 19살 때이기 때문이다. 미국의 발명가인 찰스 프리츠는 1883년도에 최초의 실용적인 태양전지를 고안하였으며, 이는 셀레늄 위에 미세한 금입자를 코팅한 것이었다. 그의 태양전지는 1 % 정도의 발전효율을 보였으며, 특별하게 효율이 높지는 않았다. 하지만 그가 만든 전지의 구조는 이후에 카메라에서 빛을 계측하는 센서에 응용이 되었다. 즉, 발전의 용도보다는 빛의 양을 측정하는 도구로서 이용된 것이다. 알버트 아인슈타인은 빛의 성질과 광전효과가 일어나는 원인에 대한 이론을 더욱 깊이 고찰하였는데, 그의 위대한 업적을 인정받아 1905년에 노벨상을 수여받았다. 그 당시에는 태양전지가 고가이고 저효율이어서 응용이 활발하게 되지 못하였다. 러셀 오흘에 의해 발견된 실리콘 태양전지가 1930년대에 벨 연구소에 의해 다시 주목받기 전까지는 태양전지의 실용화 가능성은 매우 낮았다. 러셀의 태양전지는 "Light sensitive device"라는 제목으로 미국특허 2402662번으로 등록되었다. 지금은 태양전지의 효율이 비약적으로 증가하고 있다. 1세대의 태양전지는 엄청나게 비쌌으므로, 그 응용범위도 매우 제한적이었다. 태양전지를 이용하여 태양광을 전력으로 변환하는 장치는 초기에는 주로 인공위성의 전력공급이나 우주 활동을 위해 사용되었다. 1950년에서 1960년에 걸친 우주개발 경쟁에서, 고가에도 불구하고 태양전지는 가장 적합한 전력원으로 이용되었다. 1958년 3월 7일에 발사된 뱅가드 1호는 태양전지를 장착한 첫 번째 인공위성이었다. 자금의 투입과 우주개발 경쟁에 따른 연구는 태양전지를 그 자체로 가치있게 만들었다. 시간의 경과에 따라, 태양전지 기술은 더 연구되고 개발되었으며, 새로운 기술들이 개발되었다. 지금 우리는 새로운 태양전지 기술의 시점에 살고 있으며, 지금부터 이러한 내용들을 살펴보게 될 것이다.

💬 태양전지 기술

매우 다양한 기술들이 빛을 전기로 변환하기 위한 장치에 적용되고 있으며, 우리는 이 기술들을 하나씩 살펴보고자 한다. 어떤 것이 얼마나 잘 작동하느냐와 그 비용은 항상 상관관계가 있는데, 태양전지도 예외는 아니다.

태양전지 셀을 여러 개 묶으면 태양전지 모듈이 되며, 이러한 모듈을 여러 개 결합하면 태양전지 판이 된다. 태양전지는 이와 같은 구성을 가지고 있으며, 태양전지 셀은 가장 작은 부분이다 (그림 10-1 참조).

그림 10-1 태양전지 셀, 모듈, 전지판.

이 장에서는 태양전지의 구조와 특성에 대해 살펴보고자 한다. 한 가지 명심하여야 할 것은 이러한 셀을 모듈이나 전지판으로 만들 경우에는 기계적으로 지지하는 다른 소재 (알루미늄, 유리, 플라스틱 등)가 필요하다는 것이다.

태양전지를 만들 수 있는 소재 중의 하나로는 실리콘 (규소)이 있는데, 이 실리콘은 집적회로나 트랜지스터에도 사용되고 있다. 실리콘 장점 중의 하나는 지구상에서 산소 다음으로 많이 존재하는 원소라는 것이다. 모래가 실리콘산화물이라는 것을 알게 된다면, 실리콘이 얼마나 많이 존재하는지 실감이 날 것이다.

실리콘은 태양전지를 생산하기 위해, 여러 가지 방법으로 사용될 수 있다. 가장 효율적인 방법은 '단결정' 태양전지를 만드는 것이며, 이러한 단결정 실리콘은 커다란 단결정 실리콘 결정을 얇게 잘라서 만든다. 단결정 구조를 가지기 때문에, 매우 규칙적인 구조를 가지고 있으며 또한 결정들 사이의 경계면도 존재하지 않는다. 따라서 매우 우수한 발전효율을 가지고 있다. 단결정 태양전지 셀을 구분하는 것은 매우 쉬운데, 보통 원형이나 모서리가 둥근 사각형 형태를 하고 있다. 그림 10-2에서 단결정 태양전지 셀을 볼 수 있다.

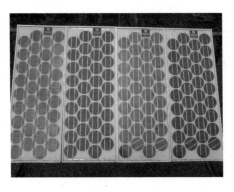

그림 10-2 태양전지 판으로 만들어진 단결정 태양전지 셀.

이러한 방법의 피할 수 없는 단점 중 하나는 나중에 알게 되겠지만, 실리콘 결정이 성장할 때에 발생한다. 실리콘 결정을 성장시키면 둥근 단면을 가지는 실리콘 덩어리가 만들어지며, 이를 얇게 자른 둥근 모양의 판으로 평면을 효율적으로 덮는 것

💬 어떻게 결정질 태양전지 셀을 만드는가?

이번에는 어떻게 태양전지 셀이 만들어지는지를 살펴보도록 하자. 지루한 교과서적인 설명을 하는 대신에, 부엌에서의 실제적인 재미있는 실험을 통해 전 세계의 모든 태양전지 공장에서 사용하고 있는 공정을 실험해 보도록 할 것이다.

● 어떻게 작동하는가?

본론에 들어가기에 앞서, 약간의 이론을 이해하는 것이 필요하다.

사용되는 실리콘은 일정한 결정구조를 가진다. 그림 10-3을 보면, 실리콘 원자가 규칙적으로 배열되어 있는 것을 볼 수 있을 것이다.

실리콘을 반도체로 만들기 위해서는 다른 원소를 아주 조금 첨가해야 하는데, 여기에서는 붕소를 첨가해 보도록 하자. 붕소를 첨가하게 되면, 전자가 부족한 곳이 생기게 되고, 이는 결과적으로 붕소와 실리콘의 최외각 전자궤도에 '정공'을 만들게 된다 (그림 10-4 참조).

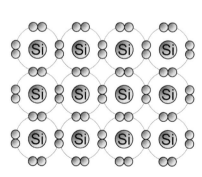

그림 10-3 보통 실리콘의 결정 구조.

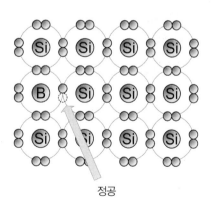

정공

그림 10-4 붕소가 도핑된 실리콘-정공이 있다.

만약 인을 조금 첨가하게 된다면, 반대되는 현상이 일어나게 된다. 즉, 여분의 전자가 남게 되는 것이다 (그림 10-5 참조). 이와 같은 상태는 불안정하므로, 외부에서 무엇인가 자극이 들어오기를 기다리게 된다.

위의 두 가지 종류의 도핑된 실리콘을 이용하면 반도체를 만들 수 있으며, 태양전지도 만들 수 있다.

태양전지는 샌드위치처럼 생겼으며, 그림 10-6에 보이는 것과 같이 두 종류의 실리콘 반도체를 겹쳐서 만든다.

넓은 면적을 가지는 기재에서부터 출발하여, 그 위에 p-형 반도체 (붕소가 도핑되어 정공이 있는 반도체)가 있고, 그 위에 n-형 반도체 (인이 도핑되어 여분의 전자가 있는 반도체)가 있다. 이 두 반도체 사이의 계면은 바로 마법이 일어나는 곳이며 공간전하 영역이라고 부른다.

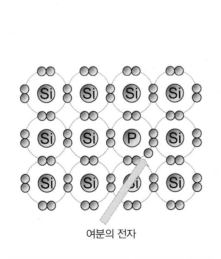

여분의 전자

그림 10-5 인이 도핑된 실리콘-여분의 전자가 있다.

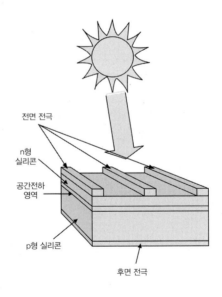

전면 전극

n형 실리콘

공간전하 영역

p형 실리콘

후면 전극

그림 10-6 태양전지의 단면.

이렇게 층상구조를 가지는 태양전지의 맨 위에는 그리드 전극이 있는데, 이는 외부와의 전기적 접촉을 담당한다.

태양으로부터 나온 광자가 태양전지를 때리게 되면, 여분의 (-)로 대전된 전자가 p-형 반도체와 n-형 반도체의 계면에서 발생하여 그리드 전극을 통해 외부로 움직이게 된다. 이것이 전류가 되는 것이다.

이제, 집에서 사용할 수 있는 물건들을 가지고, 이러한 실리콘 태양전지가 어떻게 작동하는지 살펴보도록 하자.

PROJECT 20

나만의 '실리콘' 결정 만들기

준비물

* 플라스틱 커피병

* 꼬치

* 완숙된 달걀

* 설탕

* 식용 색소

필요한 도구

* 컴퍼스

* 달걀 절단기

태양전지 셀을 만들기 위해서는 실리콘이 필요한데, 이번 실험에서는 실리콘 결정체로부터 어떻게 태양전지가 만들어지는지 보여주고자 한다. 실리콘 결정체라는 말로부터 태양전지가 실리콘 결정으로부터 만들어 진다는 것을 알 수 있을 것이다. 우리는 전에 어떻게 실리콘이 규칙적인 결정체로 배열하는지를 보았고, 이제 이 결정이 자라는 것을 보고자 한다.

산업현장에서는 결정형 태양전지의 기초가 되는 실리콘이 일정한 원통형 형태로 자라게 한다. 지구상에는 다량의 실리콘이 존재하는데, 이전에 말했듯이 산소 다음으로 가장 많은 원소이다. 모래와 수정이 모두 실리콘을 함유하고 있다는 것을 생각하면서, 세상에 존재하는 모래의 양을 상상하면 짧은 시간 안에 실리콘이 바닥나지 않을 것이란 것을 깨닫게 될 것이다.

모래의 문제점은 이산화실리콘의 형태로 존재하여, 포함된 산소를 제거해야 한다는 것이다. 실리콘을 만들기 위한 산업에서 사용하는 방법은 1,800도의 온도가 요구된다. 확실히 집에서는 이 정도의 온도를 요구하는 실험을 할 수 없지만, 우리는 그 과정을 재현할 수는 있다!

만일에 여러분이 이런 저런 잡동사니들을 긁어 모으는 것을 싫어한다면, 몇몇 과학기구 파는 곳에서 결정을 성장시키는 키트를 팔고 있다. 다음의 링크들은 키트의 판매처이다.

- http://www.scientificsonline.com/grow-your-own-crystal-clusters.html

- http://sciencekit.com/macrocrystal-growth-kit/p/IG0023071/

만약 여러분이 모든 것을 직접 하고 싶다면, 상대적으로 실험하기 쉬운 그림 10-7을 보도록 하자. 여러분은 포화된 설탕물을 필요로 할 것인데, 이것을 커피병 뚜껑에 채워 두도록 하자. 자 이제 가끔 돌설탕으로 팔리는 큰 설탕 결정을 갖고 꼬치의 끝에 붙이도록 하자. 다음에는 꼬치와 같은 직경의 구멍을 커피병의 바닥에 뚫고 여기에 꼬치를 끼워 커피병의 반대쪽으로 밀도록 한다. 만들어진 것을 창턱에 세우고 설탕 결정을 포화된 설탕물에 잠기도록 아래로 내리자. 시간이 지남에 따라 설탕 결정이 자라기 시작할 것이다. 그러면 자라나는 결정이 설탕 용액과 접촉할 수 있게 하면서 조금씩 꼬치를 위로 당기도록 하자.

이것이 바로 실리콘 결정을 성장시키는 방법이다. 실리콘은 용해된 뜨거운 실리콘이 담긴 용기에서 천천히 당겨 올려진다 (이는 우리가 포화된 설탕물에서 한 것과 같다). 이 과정은 그림 10-8에 설명되어 있다.

일단 큰 실리콘 결정체가 만들어지면, 다음은 태양전지를 만들기 위해 얇게 잘라야 한다. 나는 샌드위치를 만들기 위해 달걀 절단기로 달걀을 얇게 자르는 것과 같이 생각하는 것을 좋아하는데, 이는 그림 10-9와 그림 10-10을 보면 이해할 수 있을 것이다.

그림 10-7 설탕 결정의 성장.

그림 10-8 실리콘 결정의 성장.

그림 10-9 달걀의 절단.

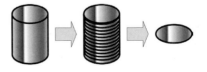

그림 10-10 실리콘의 절단.

실리콘 결정 자르기와 도핑

달걀 절단기로 달걀을 자르는 것과 태양전지가 만들어질 때 일어나는 일은 매우 흡사하다. 이처럼 실리콘을 얇게 자른 것을 웨이퍼라 부른다.

이제 우리는 웨이퍼에 p-n접합을 만들 필요가 있으며, 이렇게 하기 위해서는 먼저 인을 실리콘 표면에서 확산시킨다. 달걀을 식용 색소나 비트 뿌리의 주스에 담그면, 여러분은 얇게 자른 달걀의 한 면의 색깔이 변하는 것을 볼 수 있을 것이다. 자 이제 얇은 달걀의 비트 뿌리 주스에 잠긴 면이 태양 빛을 받는 면인 태양전지라고 상상하도록 하자. 그리고 달걀 양면에 전기 회로가 연결되어 있다고 상상하자. 빛 입자가 여분의 전자가 있는 인으로 도핑된 면에 해당하는 이 물든 부분을 때리게 된다. 광자가 이러한 여분의 전자에 추가적인 에너지를 주면, 여분의 전자는 에너지 장벽을 뛰어 넘어서 전자가 부족한 붕소로 도핑된 실리콘으로 이동할 수 있게 된다. 이렇게 태양전지의 한 면에 지속적인 광자의 흐름을 공급함으로써 많은 전자가 p-n연결을 넘어 흐르게 할 수 있으며, 이 전자는 회로를 흐르면서 유용한 일을 할 수 있게 된다.

그림 10-11 인으로 웨이퍼를 도핑.

이러한 셀들을 더 큰 모듈 또는 태양전지 판으로 집적화하면 더 많은 전력을 생산할 수 있다. 이제 결정형 실리콘을 이용한 태양전지의 기술을 살펴 보았으니, 다음은 박막형 태양전지에 대해 알아보자.

PROJECT 21

나만의 '박막' 태양전지 만들기

 주목

먼저 과학영재 여러분의 이해를 구하고자 하는 것은, 여기에서 만들 태양전지는 효율이 아주 낮다는 것이다. 여기에서 만든 태양전지를 가정에서 활용하려고 하지 말도록 할 것을 당부한다. 여기에서의 태양전지가 생산하는 전류는 극히 미미하며, 경제성이 없다. 이러한 문제점이 있기는 하지만, 이 프로젝트는 여전히 흥미로우며 교육적이어서 여러분 과학영재들이 광전효과를 이해하는데 큰 도움이 될 것이다.

준비물

- 구리판

- 투명 유리막/투명 아크릴/아크릴 판

- 얇은 나무조각

- 구리 선

- 덕트 테이프

필요한 도구

- 금속 절단기 (선택)

- 띠톱 (선택)

- 함석 가위

- 전기 링 가열기

우선 구리판을 15-20 cm 크기의 사각형으로 자르자. 금속 절단기를 사용하면 쉽게 자를 수 있을 것이다 (그림 10-12 참조). 하지만 이러한 기구가 없으면 함석 가위로도 잘 자를 수 있다.

구리판을 다 잘랐다면, 손을 깨끗이 씻고 말리도록 하자. 여러분의 손에 묻은 윤활유나 기름은 다음 과정에서 문제를 일으키기 때문에 완전히 제거하여야 한다. 구리판에서 윤활유나 유기물을 완전히 제거하도록 하자. 다음은 표면의 산화된 구리 층 (산화제이구리, CuO)이 완전히 제거되도록 사포를 이용하여 연마하도록 하자 (그림 10-13 참조). 작업을 마치면 반짝이는 광택의 붉은색의 구리 표면을 볼 수 있을 것이다.

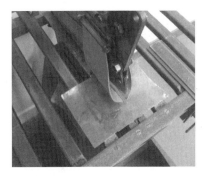

그림 10-12 금속 절단기로 구리판 자르기.

그림 10-13 사포로 구리판 연마하기.

145

다음은 구리판 위에 산화막이 형성되도록 열처리가 필요하다. 힘들게 산화막을 제거한 후에 다시 산화막을 만든다는 것은 직관적으로 매우 이상하게 들리겠지만, 이 산화막 코팅은 우리가 원하는 반도체 특성을 가지는 산화제일구리 (Cu$_2$O) 박막층을 형성하고자 하는 것이다.

구리의 산화층 형성을 위해서는 전기 가열기가 필요하며, 만일 방열장갑과 금속집게가 있으면, 금속이 뜨거울 때에도 용이하게 다룰 수 있을 것이다.

가열기의 온도를 최고로 하고, 구리 조각을 그 위에 올려놓자. 조심스럽게 구리의 색깔이 변화하는 것을 관찰해 보도록 하자. 아마도 매우 흥미로울 것이다.

구리를 가열하게 되면, 여러 가지 다른 색깔을 생생하게 보여준다. 책이 흑백 인쇄이기 때문에, 여러분에게 직접 보여줄 수는 없지만 그림 10-14의 a-e를 보면 그 구리판의 색깔이 변해가는 것을 알 수 있을 것이다.

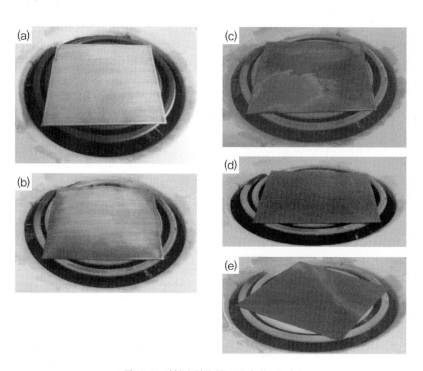

그림 10-14 가열기 위에 있는 반짝이는 구리판.

힌트

만약 질산을 구할 수 있다면, 표면의 산화구리 (CuO)를 제거하는 데 효과적으로 사용할 수 있다.

여러분은 구리판 위에 검고 고르지 못한 산화막이 형성되는 것을 보게 될 것이다. 만약 구리판을 천천히 식힌다면, 그 울퉁불퉁한 층은 쉽게 깨지고 아래의 구리판으로부터 분리되게 될 것이다. 구리판을 완전히 식힌 후에 단단한 표면에 강하게 치도록 하자. 산화막의 일부가 튀어 오를 것이다. 수돗물에 판을 넣고 손으로 부드럽게 문지르면 대부분의 검은 산화막이 쉽게 벗겨지는 것을 볼 수 있을 것이다. 만약 잘 떨어지지 않는 작은 조각들이 있더라도 억지로 비벼서 떼어내지는 말자. 구리판의 상처 나기 쉬운 표면에 흠을 내어서는 안 되기 때문이다.

벗겨 낸 검은 층 아래에 붉은 오렌지색을 띤 녹색깔을 갖는 또 다른 층이 있는 것을 발견할 것인데, 바로 이 층이 빛에 민감한 박막 태양전지를 만들려는 층이다.

이제 나무 조각을 이용하여 그림 10-15와 같이 간격을 벌리도록 하자. 나는 나무 조각을 연결하기 위해서 덕트 테이프를 사용했다. 금속으로 된 못과 같은 것을 사용하지 않도록 하자. 왜냐하면 이러한 금속 부분들은 태양전지의 구성요소와 전기화학적으로 반응할 수 있기 때문이다.

이제 반대쪽 전극을 만들어 보도록 하자. 이 전극은 태양전지의 다른 부분과 접촉을 하지 않고 빛만 표면에 닿도록 해야 한다. 다른 전극으로는 소금물을 사용할 것이며, 이는 박막 태양전지의 전체 면과 접촉하여 전기가 흐르도록 한다. 그리고 나서는 전기적 연결을 위한 구리선을 소금물에 잠기게 집어 넣을 것이다. 또 다른 방법으로는 박막 태양전지의 바깥 면에 구리판을 사용할 수 있으나, 산화된 구리판과 접촉을 피해야만 한다.

상용화된 박막 태양전지는 산화주석을 다른 전극으로 사용하는데, 이는 투명하지만 전기를 통한다.

자 이제 태양전지를 덮을 아크릴 판으로 그림 10-16에 있는 것처럼 덕트 테이프를 이용하여 양면을 덮는다.

우리는 다른 전극을 투명 아크릴 판에 붙일 것이다.

그림 10-17에 어떤 일들이 일어나는 지를 명확히 보여주고자 가능한 한 두꺼운 전선을 사용하여 지그재그 형태로 만들었다. 태양전지 셀의 효율을 최적화하기 위해서는 전극을 크게 만들고 싶을 것이다. 만약 아주 얇은 전선을 많이 사용하여 지그재그 형태로 만들면 빛은 통과하면서 더 넓은 표면적을 얻을 수 있다.

그림 10-15 나무조각을 이용한 지지체.

그림 10-16 투명 아크릴 판과 덕트 테이프.

여러분은 다른 종류의 전선과 구리판을 사용할 수도 있다. 핵심이 되는 것은 투과하는 빛의 양이 최대가 되도록 하고, 구리의 표면적을 최대로 높이는 방법을 찾는 것이다.

덕트 테이프를 접어서 전선을 판에 고정한다.

우리는 전극을 서로 간격을 유지하면서 결합할 것이다. 다시 한번 덕트 테이프를 이용하면 작업을 깔끔하게 할 수 있을 것이다 (그림 10-18 참조).

다음으로 우리는 구리판의 한 쪽 면을 덕트 테이프로 붙일 것이며, 이 때 덕트 테이프의 접착면이 붉은 색의 구리 산화층과 같은 방향이 되도록 한다 (그림 10-19 참조).

이 판과 전면의 모듈을 합치면 태양전지 셀이 완성된다 (그림 10-20 참조).

자 이제 소금물을 투명한 아크릴과 구리판 사이에 채우도록 하자. 새는 것을 막기 위해서 덕트 테이프로 주위를 막도록 하자.

마지막으로 태양전지 셀을 멀티 미터에 연결하고, 밝은 광원을 찾아 태양전지 셀의 전기적 특성을 측정해 보자.

그림 10-17 전선 전극.

그림 10-18 아크릴 판과 전극을 결합.

그림 10-19 덕트 테이프로 고정한 구리판.

그림 10-20 완성된 태양전지.

Tip

화학적 특성: 산화제일구리 (Cu_2O)

산화제일구리 (붉은 색)
화학식: Cu_2O
분자량: 143.08
물리적 형상: 적색 또는 적갈색의 가루

태양전지를 이용한 실험

이 프로젝트에서는 태양전지 셀의 특성과 여러 가지 다른 적용분야에서의 성능에 대한 실험을 해 보고자 한다.

이 프로젝트의 실험을 해 본다면 과학박람회의 전시나 포스터를 위한 기초를 다지게 될 것이다.

PROJECT 22

태양전지의 전류-전압 특성

준비물

- 광원

- 태양전지 셀

- 전압계

- 전류계

- 가변저항

- 그래프 용지와 연필

    또는

- 엑셀과 같은 프로그램이 있는 컴퓨터

태양전지의 전류-전압 특성을 측정함으로써 태양전지의 전기적 특성에 대해 배울 수 있다.

실험을 수행하기 위해서는 태양전지가 일정한 광원에 노출되고 있는 것을 확인해야 한다. 밝은 광원을 사용하고 일정한 거리에 광원을 고정하도록 하자.

전류계를 그림 10-21처럼 설치한다.

전압계와 전류계의 수치와 상관없이 가변저항을 최대치나 최소치로부터 반대쪽으로 움직인다. 이 과정에서 전류와 전압을 각 단계별로 정확히 종이에 기록해야 하며, 컴퓨터가 있으면 컴퓨터로 기록할 수 있다. 정확한 그래프를 만들기 위해서는 최소한 15개 이상의 저항값으로 실험하여야 한다.

자, 이제 그래프 용지나 엑셀 프로그램을 이용하여 각 점을 연결하여 그래프를 그려보자. 여러분의 그래프와 그림 10-22를 비교해 보자. 이 그래프는 여러 가지 부하가 걸렸을 때 태양전지가 보여주는 성능을 나타내고 있다.

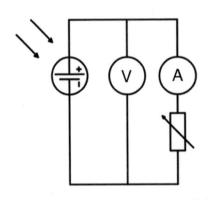

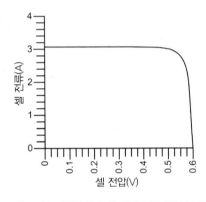

그림 10-21 태양전지 셀 한 개의 전류-전압 곡선을 측정할 회로.

그림 10-22 태양전지 셀 한 개의 전류-전압 곡선.

PROJECT 23

직렬로 연결된 태양전지의 전류−전압 특성

준비물

- 광원

- 태양전지 셀 3개

- 전압계

- 전류계

- 가변저항

- 그래프 용지와 연필

  또는

- 엑셀과 같은 프로그램이 있는 컴퓨터

이제 우리는 앞서 하였던 실험을 3번 반복하고자 한다.

그림 10-23과 같이 회로를 설치하도록 하자. 태양전지 셀이 한 개, 두 개, 세 개 있을 때에 대해 각각 실험을 하도록 하자.

한 개의 태양전지 셀에 대해서는 이전의 실험결과를 사용할 수 있고 직렬로 두 개, 세 개를 연결한 것에 대해서는 새로 실험을 하여 그래프 두 개를 추가로 그리도록 하자.

어떤 결과가 보이는가? (그림 10-24 참조) 이 결과를 보면, 태양전지 셀을 직렬로 추가하면 전압은 증가하지만 전류는 일정하다는 것을 알 수 있다.

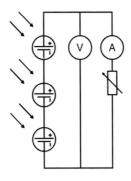

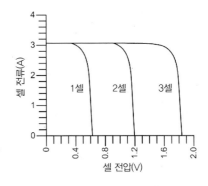

그림 10-23 직렬로 연결된 태양전지 셀의 전류-전압 곡선을 측정할 회로.

그림 10-24 직렬로 연결된 태양전지 셀의 전류-전압 곡선.

PROJECT 24

병렬로 연결된 태양전지의 전류-전압 특성

준비물

- 광원

- 태양전지 셀 3개

- 전압계

- 전류계

- 가변저항

- 그래프 용지와 연필

  또는

- 엑셀과 같은 프로그램이 있는 컴퓨터

이번에는 태양전지를 병렬로 연결하여 실험을 반복하고자 한다.

실험을 마치면 세 개의 전류-전압 곡선 그래프를 얻게 될 것이다. 지금 결과를 예상해 보자! 여러분은 태양전지를 직렬로 연결했을 때와 비교하여 어떻게 다를 것으로 생각하는가?

태양전지 셀을 그림 10-25처럼 연결하도록 하자. 태양전지를 병렬로 한 개, 두 개, 세 개를 연결하라!

이제 여러분이 얻은 점들을 연결하여 그래프를 그리고 (그림 10-26), 이를 그림 10-24와 비교해 보도록 하자.

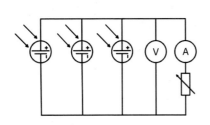

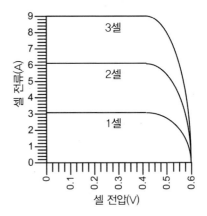

그림 10-25 병렬로 연결된 태양전지 셀의 전류-전압을 측정할 회로.

그림 10-26 병렬로 연결된 태양전지 셀의 전류-전압 곡선.

두 그래프는 어떻게 다른가? 직렬로 연결 했을 때 전압이 변하는 것과 대조적으로 태양전지를 병렬로 연결하였을 때는 전압은 일정하게 유지되지만 전류가 변하게 된다.

PROJECT 25

'역제곱 법칙'에 대한 실험

준비물

- 광원

- 태양전지 셀

- 전압계

- 전류계

- 가변저항

- 그래프 용지와 연필

  또는

- 엑셀과 같은 프로그램이 있는 컴퓨터

역제곱 법칙은 태양전지 셀로부터 거리를 증가시키면 태양전지 셀이 받는 빛의 양은 거리의 제곱에 반비례한다는 것이다 (그림 10-27 참조).

한 점에서 빛의 강도를 측정하고자 할 경우에는 어두운 방에서 측정하는 것이 좋다.

태양전지 셀과 전압계와 전류계를 연결하도록 하자. 광원과 태양전지 셀과의 거리를 늘리며 전압과 전류를 측정해 보자. 생산된 전체 전력은 생산된 전류와 전압을 곱하면 구할 수 있다는 것을 기억하도록 하자. 태양전지 셀로부터의 거리와 그 때 생산된 전력을 비교해 보자. 표 10-2를 이용하여 그래프를 그려보자. 광원이 멀어지는 것과 태양전지 셀이 생산한 전력과의 관계에서 무엇을 배울 수 있는가?

태양전지 셀은 더 많은 빛이 조사될 때 더 많은 전력을 만들며, 우리는 다른 양의 빛을 조사하면서 전류와 전압 곡선의 변화에 대한 실험을 할 수 있다. 이로부터 태양전지에 비치는 빛의 양에 의해 전류-전압 곡선이 변화하는 것을 알 수 있다. 이 결과는 그림 10-28에 나타나 있다.

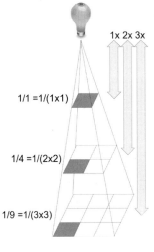

그림 10-27 역제곱의 법칙.

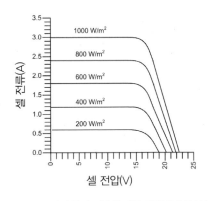

그림 10-28 빛의 양의 변화에 따른 태양전지 셀의 전류-전압 곡선.

PROJECT 27

직접광과 확산광의 차이

준비물

- 광원

- 태양전지 셀

- 전압계

- 전류계

- 가변저항

- 가리개로 쓸 종이

이 실험에서 우리가 알아보고자 하는 것은 반사광이 빛의 조사량과 에너지의 생산량에 어떤 영향을 미치는가이다.

그림 10-29에 보이는 것과 같이 태양전지 셀에는 두 종류의 빛이 조사될 수 있다. 자, 이제 그림 10-30과 10-31에 보이는 것과 같이 직접 혹은 간접적인 빛을 종이로 가리고 생성된 출력을 비교해 보자.

직접적으로 조사된 빛과 비교하여 간접적인 조사로 생성된 전력의 양은 얼마나 되는가? 태양전지의 종류에는 그림 10-32와 같은 양면 태양전지 셀도 있다.

이러한 태양전지는 태양 모듈이 투명한 재료 위에 만들어져 있으며, 이 때 셀은 양면의 빛을 이용할 수 있어 직접광과 간접광을 모두 흡수할 수 있다.

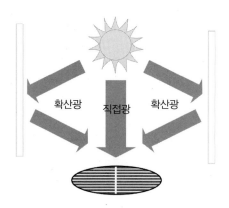

그림 10-29 태양전지에 비추어지는 복사.

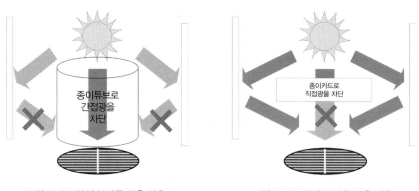

그림 10-30 간접 복사를 막은 경우.　　　　그림 10-31 직접 복사를 막은 경우.

결과적으로 한 방향에서만의 빛을 사용하는 것보다 더 많은 빛을 흡수 할 수 있다.

그림 10-33에서 보는 바와 같이 길 위를 덮고 있는 지붕에 태양전지 셀이 설치되어 있다. 이는 두 가지 기능을 하는데, 하나는 깨끗한 에너지를 생산하고 또 하나는 사람들이 길을 걸을 때 비를 피할 수 있게 해준다.

그림 10-32 양면 태양전지 셀.

그림 10-33 길 위의 지붕에 설치된 양면 태양전지 셀.

PROJECT 28

'알베도 (Albedo) 복사'의 측정

준비물

- 광원
- 태양전지 셀
- 전압계
- 전류계
- 가변저항
- 가리개로 쓸 종이

● 알베도 복사란?

바닥은 다른 표면들과 같은 일종의 표면으로서 반사할 수 있는 기능을 갖고 있으므로 이를 무시할 수 없다. 검은색 포장도로는 회색의 콘크리트보다 빛을 적게 반사한다는 것을 생각하자.

태양전지 셀이 태양을 향해 있는데, 바닥이 무슨 상관일까?

물론, 대부분의 경우는 맞는 생각이다. 하지만, 양면 태양전지 셀의 경우는 양면으로부터 태양 복사를 받아들이므로 바닥의 반사를 고려하여야 할 것이다.

실험방법

다음의 실험은 이율배반적으로 보이지만 매우 해 볼만한 가치가 있다. 알베도 복사를 측정해 보도록 하자. 그림 10-34와 같이 여러분의 태양전지 셀을 바닥면으로 향하게 하고 측정을 해 보자.

무슨 일이 일어나리라고 예상했는가? 전력이 생산되지 않을 것이다? 실제로는 여러분이 아는 바와 같이 다른 면에서 반사된 간접적인 복사에 의해 많은 에너지가 생기는 것처럼 상당한 양의 전력이 발생한다. 우리는 이전의 실험에서 양면 태양전지 셀이 양쪽 면에서 반사광을 받을 수 있다는 것을 알았다. 따라서, 길에 설치된 양면 태양전지 셀은 의해 바닥에서 반사된 빛 (알베도 복사)과 직접적인 빛에 의해 에너지가 얻어질 수 있다.

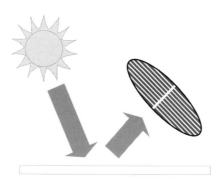

그림 10-34 알베도 복사의 측정.

💬 태양전지 셀의 적용

이제 개개의 태양전지 셀의 특성과 어떻게 빛이 전기를 만들어 내는지를 알았다. 이제 태양전지 셀이 어떻게 활용되는지 알아보도록 하자.

무엇보다도 전선에서 오는 전력보다도 태양전지의 전력은 훨씬 더 비싸지만, 태양전지 셀은 주변에 전력을 공급할 수 없는 곳과 전력선을 연결하는데 많은 비용이 드는 곳에 유용하게 사용될 수 있다.

우리는 앞에서 그림 10-35와 같이 다른 형태의 전력을 사용할 수 없는 인공위성에서 어떻게 태양전지 셀이 사용되는지를 보았다.

그림 10-36은 영국의 시골에 있는 도로 표지판으로 운전자가 과속했을 때 빛이 들어오는 조명표시이다. 이는 낮에는 태양전지로, 낮과 밤에는 작은 풍력터빈으로 생산한 전력으로 조명이 들어온다. 전력은 표지판 아래의 바닥에 있는 배터리에 충전이 된다.

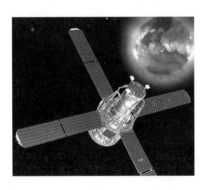 

그림 10-35 태양에너지를 이용한 HEESI 위성. 나사의 양해 하에 게재.

그림 10-36 재생에너지에 의해 전력을 얻는 도로 표지판.

전력망이 없는 동떨어진 곳에서 전자기기에 사용할 전력을 만드는 것 외에도, 대규모 태양전지 발전단지를 건설하여 전력망에 연결하여 사용할 수 있을 정도의 큰 전력을 생산할 수도 있다. 태양전지 셀의 큰 장점은 지붕으로 사용할 수 있는 것이다. 이를 통해 비싼 태양전지 셀을 건물에 사용하지만, 대신에 지붕에 사용되는 재료를 절약할 수 있다.

그림 10-37에 보이는 영국의 대체기술 센터에서 만든 태양전지 발전설비를 보면 태양전지 셀을 어떻게 넓은 평면에 설치하여야 하는지 알 수 있다.

혹은 조금만 더 생각한다면, 그림 10-38과 같이 건물과 조화를 이루게 만들 수도 있다.

그림 10-37 영국의 대체에너지 센터에 있는 11 kW급 태양전지 발전설비.

그림 10-38 건물의 구조에 창의적으로 결합한 태양 전지 발전설비. 제이슨 혹스의 양해 하에 게재.

💬 태양전지를 집에 설치하기 위해 필요한 것은?

태양전지 셀로 전기를 만드는 것은 다른 발전방식에 비해 매우 비싸다. 하지만 태양에너지의 비용을 계산할 때, 탄소 배출과 유독 폐기물이 나오지 않는 것도 고려하여야 할 것이다. 이제 전기를 생산하는데 태양전지 셀을 이용할 수 있다는 것을 알았지만, 문제는 우리가 집에서 쓸 수 있는 형태로 만드는 것이다. 물론 직류전류로 몇 개의 전구를 켤 수는 있겠지만, 대부분의 가정에서 사용하는 기기에 사용하기 위해서는 교류전류를 만들어야 할 것이다.

그림 10-39에 보이는 것과 같이 모든 태양전지 셀에서 나오는 전기는 직류이며, 전압은 0 V를 기준으로 항상 고정된 극성을 갖는다. 더 높은 전압을 얻기 위해 태양전지를 직렬로 연결하거나 또는 더 높은 전류를 얻기 위해 병렬로 연결하지만 결국은 항상 직류전원을 얻게 된다.

이와 비교하여 우리 가정의 가전제품이나 장비는 그림 10-40과 같은 교류를 요구한다. 우리는 직류와 교류의 파형이 어떻게 다른지 알고 있다. 미국과 우리나라에서는 60 Hz의 교류를 사용하고 영국에서는 50 Hz의 교류를 사용한다 (미국에서는 120 V, 우리나라에서는 220 V, 영국에서는 230 V를 사용한다).

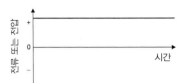

그림 10-39 직류.

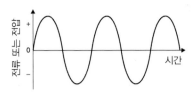

그림 10-40 교류.

어떻게 태양전지 셀에서 얻은 '낮은 직류 전압'을 '높은 교류 전압'으로 바꿀 것인가? 답은 인버터를 사용하는 것이다.

인버터는 태양전지 셀로부터 받은 직류를 우리가 사용하는 장비에 적합한 전압과 주파수를 갖는 교류전원으로 만든다.

안전을 위해서는 그림 10-42에 보이는 것과 같은 주 분리 스위치가 추가적으로 요구된다. 이는 우리가 작업이나 수리를 할 때 인버터로부터 주 전원을 차단시킨다.

그림 10-41 전형적인 인버터 장치.

그림 10-42 주 분리 스위치.

그 외에도 장비를 손상시키거나 위험하게 할 수 있는 과전류나 전력 변동에 대처할 수 있도록 주 회로 차단기가 필요하다. 그림 10-43은 주 회로 차단기를 보여준다.

또한 태양전지 발전설비로부터 오는 직류도 분리할 수 있어야 한다. 그림 10-44는 직류 분리 스위치를 보여준다.

태양전지 발전설비로부터 만들어지는 에너지가 얼마나 되는지를 아는 것은 중요하다. 이는 회계의 목적상 유용한데, 우리가 태양전지의 전력을 전력망에 팔 경우나 태양전지 발전시스템의 성능을 벤치마킹하고 우리가 예측한 디자인이 잘 맞는지를 알아보는 데 유용하다. 그림 10-45에 시간당 전력계가 보인다.

그림 10-43 주 전원 회로 차단기.

그림 10-44 태양전지의 직류 분리 스위치.

그림 10-45 시간당 전력계.

그림 10-46 Awelamentawe 학교의 태양전지 현황판. 둘라스 회사의 양해 하에 게재.

만일 태양전지 발전설비가 공공장소에 있다면, 이는 다른 사람들에게 태양전지 기술을 홍보하기에 좋으며, 우리의 태양전지 발전설비는 주변의 사람들을 교육시키는데 아주 유용한 방법이 될 수 있다. 웨일즈에 있는 Awelamentawe 학교에서는 그림 10-46에 나타난 것과 같이 학교의 태양전지 발전설비에서 얼마만큼의 전기가 만들어지는지 잘 보이게 주 접견실에 현황판을 만들어 방문객이 볼 수 있고 어린이들에게 교육할 수 있게 되어 있다.

CHAPTER **11**

광화학 태양전지
(Photochemical solar cells)

PROJECT 29 : 나만의 광화학 태양전지 만들기

먼저 이 장의 기초가 되는 정보와 사진을 보내준 그렉 스메스타드 박사님께 진심으로 감사를 드린다.

앞에서 본 태양전지 셀과는 다른 방법으로 태양으로부터 직접적으로 전기를 만드는 방법이 있다. 우리는 태양전지가 반도체 접촉에서 일어나는 광전효과에 근거한다는 것을 알고 있으며, 이 반도체가 어떻게 빛을 흡수하고 전자를 분리하는지도 알아 보았다.

이러한 접근법의 문제점 중의 하나는 셀의 민감성 때문에 셀의 작용에 영향을 줄 수 있는 결함이 없도록 셀을 깨끗하게 만들기 위해서는 매우 깨끗한 환경에서 만들어져야 한다는 것이다. 이러한 작업은 효과적이지만 매우 비싼 공정이다.

이와는 달리 광화학 태양전지는 저렴한 공정기술을 사용한다. 이산화티탄 (TiO_2)은 비싼 공정을 거쳐 만들어지는 희귀한 고가의 화합물이 아니다. 이산화티탄은 대량으로 생산되며, 일반적으로 많이 사용되고 있다. 더군다나 여러분이 실험해 보는데 많은 양이 요구되지도 않아서, 제곱미터당 약 10 g이면 충분하다. 이 10 g은 약 2 센트 정도의 가격밖에 되지 않는다. 이를 통해 광화학 태양전지가 미래의 유망한 태양광 발전기술이란 것을 알 수 있을 것이다.

태양광 기술을 더 싸고 접근성 있게 하기 위해서 스위스 기술공대의 그래첼 박사와 오레간 박사는 이 문제를 다른 방향으로 접근하고자 하였다.

광화학 태양전지는 한창 발전하고 있는 기술로서, 생체를 모방한 즉, 더 진보한 기술을 위하여 어떻게 자연적인 과정을 모방할 수 있는지를 보여주고 있다.

 주목

광화학 태양전지는 발명자인 마이클 그래첼 박사의 이름을 따라서 때로는 '그래첼' 셀로 불리기도 한다.

기존의 태양전지처럼 한 가지로 모든 일을 하지 않고 광화학 태양전지는 자연에서 일어나는 현상을 모방하고 있다.

세포에서의 전자의 이동은 모든 생명체에서 일어나는 기초현상이며, 이는 영양분을 에너지로 전환하는 세포의 발전소인 미토콘드리아에서 일어난다.

이산화티탄은 집에서 사용하는 물건의 이름으로 금방 떠오르지는 않겠지만, 매일 사용하는 많은 물건들과 관계가 있다. 페인트에서는 색소로서 백색 티타늄으로 알려져 있다. 이는 또한 치약과 썬크림 같은 제품에도 사용되는데, 이산화티탄은 아주 우수한 자외선 흡수제이다.

조언

어떤 문헌에서는 이산화티탄 (Titanium dioxide)을 티타니아 (Titania)로 부르기도 한다.

💬 광화학 태양전지는 어떻게 작동하는가?

그림 11-1을 간단히 보자. 맨 위의 이미지에서 에너지 전달이 되는 것을 볼 수 있다. 빛이 광화학 셀에 비치면 에너지가 만들어지고, 셀에 연결되어 있는 전기 모터를 돌게 한다. 빛의 형태로 태양으로부터 복사된 에너지는 화학적인 과정을 통해 전기 에너지로 바뀌어, 모터로 연결된 회로를 통해 전기 에너지가 전자석을 돌리는 기계적 에너지로 바꾼다.

전기를 생성시키기 위해 일어나는 화학적인 과정을 좀 더 깊이 이해하기 위해서는 셀을 들여다 볼 필요가 있다. 빛에 의해 활성화된 색소는 기판에 코팅된 반도체 역할을 하는 이산화티탄에 전자 한 개를 주입하게 된다.

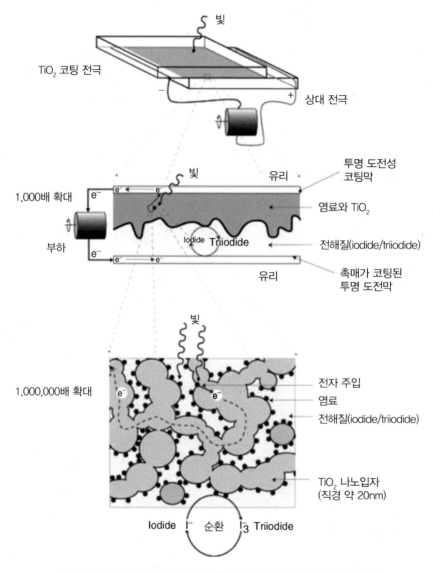

그림 11-1 광화학 태양전지 셀의 작동 원리. 그렉 스메스타드의 양해 하에 게재.

PROJECT 29

나만의 광화학 태양전지 만들기

준비물

- 딸기

- 모터

- 악어 집게

- 전선

- Degussa P25 TiO_2 분말

- 막자사발과 막자

- 유리판

필요한 도구

- 페트리 접시

- 핀셋

- 피펫

- 연필

웹사이트

다음의 사이트를 방문해 보자.

- www.solideas.com/solrcell/cellkit.html
  염료감응형 태양전지에 대한 더 많은 정보와 이 프로젝트에 사용된 부품들이 들어 있는 키트
  를 구할 수 있다.

이산화티탄 입자는 가능한 한 작게 갈 필요가 있는데, 이를 통해 표면적을 크게 하
고 반응이 가능한 한 빨리 일어나게 할 수 있다. 분말을 갈기 위해서는 그림 11-2에
있는 것과 같은 막자사발과 막자가 필요하다. 분말입자는 인체에 좋지 않으니, 가는
동안에 분말 입자를 흡입하지 않도록 주의한다. 분말이 갈아지면, 소량의 물을 첨가
하여 슬러리로 만든다.

이제 우리는 이산화티탄 슬러리가 준비되었으며, 유리막대를 이용하여 유리판에 코
팅하도록 하자. 이 과정은 그림 11-3에 나타내었다.

그림 11-2 나노 결정체 이산화티탄 갈기. 그렉 스메
스테드의 양해 하에 게재.

그림 11-3 유리막대를 이용하여 슬러리를 기판에 코
팅하기. 그렉 스메스테드의 양해 하에 게재.

다음으로 우리가 할 일은 이산화티탄 박막의 저항을 줄이기 위해 이를 소결하는 것이다. 이 과정은 그림 11-4에서 보여주고 있다. 이렇게 하기 위해서는 이산화티탄 박막을 분젠 불꽃에 놓고 가열하면 된다! 이 때, 온도가 약 450 도가 되도록 이산화티탄 박막이 불꽃 끝에 위치하도록 놓는다.

불꽃 위에서 약 10-15분 동안 처리한다.

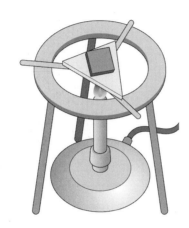

그림 11-4 이산화티탄을 소결하기 위해 가열. 그렉 스메스테드의 양해 하에 게재.

이제는 광화학 태양전지에서 광반응을 일으키는 색소를 만들어 보도록 하자. 이러한 셀에 사용할 수 있는 많은 물질들이 있으며, 여러분은 다음의 물질들을 사용해 볼 수 있다.

- 검은 딸기

- 나무 딸기

- 석류 씨앗

- 몇 ml의 물에 탄 붉은 히비스커스 차

색소를 만들기 위해서는 재료를 구한 후에 그것을 받침용 종지나 접시에 놓고 뭉개서 색소 즙을 만들 수 있다. 이렇게 하여 색소 용액이 만들어졌으면 이산화티탄이 코팅되어 있는 유리판을 색소에 담그도록 하자. 이제 이산화티탄 박막은 짙은 붉은색이나 자주색을 띨 것인데, 이 때 색의 분포는 일정해야 한다. 만일 그렇지 않다면 그 유리판을 다시 색소에 담그도록 하자. 일단 염색이 끝났다면 에탄올을 이용하여 박막을 씻어내고 휴지로 용액을 빨아들여 말리도록 하자. 이 과정은 11-5에 나타나 있다.

이번에는 반대쪽 전극을 준비하도록 하자. 이 전극을 만들기 위해서는 이산화티탄이 코팅된 것 말고, 전도성 산화주석이 코팅된 또 다른 전극이 필요하다. 어느 면이 전도성 면인지 확인할 필요가 있는데, 확인하는 방법은 두 가지가 있다. 하나는 촉각법으로 단순히 면을 손가락으로 문질러 보는 것인데, 코팅된 면이 더 거칠게 느껴진다. 다른 방법은 전압계나 연속성 회로시험기를 이용하는 것이다. 전도성 면은 연속성 회로시험기 측정에서 양의 수를 나타낸다.

이제 전도성 면에 흑연을 코팅할 차례이다. 가장 손쉽게 하는 방법은 부드러운 연필을 사용하여 일정하게 코팅이 되도록 칠하는 것이다. 이러한 과정은 그림 11-6에서 보여주고 있다. 참고로 말하면, 일반 연필을 사용해야 하며 색연필을 사용해서는 안 된다!

그림 11-5 딸기 주스로 기판 코팅하기. 그렉 스메스테드의 양해 하에 게재.

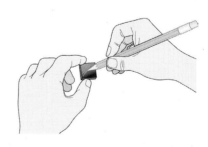

그림 11-6 전극 위에 흑연층 코팅하기. 그렉 스메스테드의 양해 하에 게재.

여기까지 했다면, 이제 여러분은 홈런을 칠 준비가 됐다! 다음으로 할 것은 요오드 혼합물 (iodine/iodide)을 그림 11-7에 보이듯이 염색한 전극 위에 몇 방울 균일하게 떨어뜨린다. 이렇게 한 후에 다른 전극을 염색한 전극의 위에 놓자. 이 때 두 개의 판을 서로 엇갈리게 놓아 각각의 전극이 약간만 노출되도록 하자. 이렇게 하면 악어 집게를 이용해서 멀티 미터와 광화학 태양전지를 연결할 수 있다.

이제 그림 11-8과 같이 클립으로 두 개의 판을 조심스럽게 눌러서 고정하도록 하자.

이제 멀티 미터에 연결해 보자. 우리는 이제 정말 멋진 것에 대해 생각해 볼 수 있다! 여러분은 몇 가지 다른 실험을 할 수 있을 것이다. 어떻게 하는 것이 가장 효율적으로 빛을 셀에 쪼여 주는 것일까? 여러분이 이전의 태양전지 셀에서 했던 실험을 반복해 보고, 광화학 태양전지에서는 어떠한 결과가 나오는지 확인해 보자.

그림 11-7 요오드 혼합물을 떨어 뜨리기. 그렉 스메스테드의 양해 하에 게재.

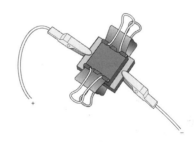

그림 11-8 클립을 이용하여 두 판을 붙이기. 그렉 스메스테드의 양해 하에 게재.

또 다른 교육적인 아이디어는 멀티 미터를 이용해서 태양전지 셀과 광화학 태양전지 셀 각각에서 얼마의 전력이 생기는지를 측정하여 결과를 비교하는 것이다. 셀의 면적을 고려하여 상대적인 효율을 비교해 볼 수 있을 것이다.

이제 우리는 몇 가지 측정을 해 볼 수 있다! 그림 11-9는 광화학 태양전지에서 6.0 mA의 전류가 생기는 것을 보여준다! 여기에서 사용한 염료는 사진에 보이는 캘리포니아산 검은 딸기이다!

그림 11-10은 작은 모터와 팬을 돌리는데 사용된 광화학 태양전지를 보여준다.

그림 11-11은 실제로 작동하고 있는 광화학 태양전지를 가까이에서 찍은 사진을 보여주고 있다.

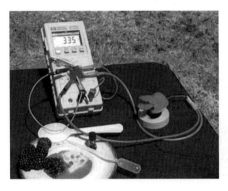

그림 11-9 셀이 6.0 mA의 전류를 생산하고 있다. 그렉 스메스테드의 양해 하에 게재.

그림 11-10 작은 모터를 구동하는 셀. 그렉 스메스테드의 양해 하에 게재.

그림 11-11 작동하고 있는 광화학 태양전지의 근접 사진. 그렉 스메스테드의 양해 하에 게재.

웹사이트

이 프로젝트에 필요한 재료들은 아래의 Institute of Chemical Education 사이트에서 구입할 수 있으며, 주소는 부록의 판매처 목록에 나타내었다.

- http://ice.chem.wisc.edu/Catalog/SciKits.html#Anchor-Nanocrystalline-41703

💬 얼마나 더 발전할 것인가?

광화학 태양전지 기술은 미래에 많은 가능성을 갖고 있다. 제조업자들은 재생에너지를 건물의 구성요소로 통합하려고 하고 있다. 이는 하나의 작은 빵 조각으로 두 마리의 새를 먹일 수 있는 것과 유사하다. 지붕의 타일을 없애고 태양전지 셀로 바꾸기보다는 태양전지 지붕으로 된 타일을 사는 게 더 낫지 않겠는가? 더욱 흥미로운 것은 광화학 태양전지는 태양전지 셀과 같이 불투명하지 않다는 것이다. 이는 또 다른 흥미로운 가능성을 보여준다. 창문이나 빛이 들어오는 천장에서 전기를 생산한다. 얼마나 멋진가!

도시의 유리로 장식된 높은 건물들을 고려하면, 여러분은 이것이 에너지를 생산하는 흥미로운 응용 기술이라는 것을 실감할 것이다. 이는 남쪽을 향한 건물 부분에서 주간의 빛을 사용하면서 동시에 에너지를 생산할 수 있게 해 준다.

또한 전자기기에 대한 적용이 있는데 시계 제조업계의 대기업인 스와치 회사는 이미 광화학 태양전지 유리를 적용한 시계의 시제품을 만들었다. 이는 시계가 빛에 노출되었을 때는 유리에서 항상 전기가 생산된다는 것을 뜻한다. 사람들은 낮에는 햇빛에 항상 노출되게 되는 손목에 시계를 차는데, 이는 아주 멋진 아이디어이다! 물론, 여러분은 밤에도 시계가 작동할 수 있도록 전기를 저장하는 방법을 찾아야 할 것이다. 자다가 일어나서 시계를 보았을 때, 저녁의 시간에서 멈춰있는 것을 보는 것은 아마도 즐겁지 않을 것이다.

💬 이 기술의 한계가 있는가?

광화학 태양전지의 문제 중의 하나는 작동을 위해서 액체가 반드시 필요하다는 것이다. 불행히도 액체는 새지 않도록 밀봉을 유지하는 것이 쉽지 않다. 액체가 새는 것을 막는 것이 해결하여야 할 기술적인 이슈이다. 아마도 여러분은 물이 새어 들어오는 창문을 원하지는 않을 것이다! 만일 안에 물이 응축되어 있는 잘 맞지 않는 이중 유리창을 가지고 있다면, 액체가 들어가고 나가는 것을 막는 것이 얼마나 어려운지 실감할 수 있을 것이다.

최근에 독일의 프랑크푸르트에 있는 훽스트 연구소와 마인즈에 있는 막스플랑크 고분자 연구소는 공동연구를 통해 비록 효율은 낮지만 고체 형태의 전해질을 개발했다고 발표한 바 있다.

💬 광생물학 태양전지

진실은 가끔 소설보다 더 낯설 때가 있다. 같다. 기존의 태양전지는 비싼 공정을 필요로 한다. 이에 아리조나 주립대학의 연구진은 탄소를 기반으로 하는 화석 연료에 익숙해진 습관에서 벗어나도록, 미생물을 이용한 광합성을 통해 태양 빛으로부터 연료를 생산하는 인젠하우츠 (IngenHousz)라는 프로젝트를 시작하였다. 언젠가는 여러분의 자동차를 미세 조류가 태양에너지를 이용하여 만들어 낸 수소로 달리게 할 수 있을까?

CHAPTER 12

태양 엔진

지금까지 여러 가지 유용한 일들을 하기 위해서 태양으로부터 오는 에너지를 어떻게 이용할 수 있는지를 살펴 보았다. 열과 전기를 만들어 내는 것은 우리가 사용하는 에너지를 줄이는 것을 도와주지만, 만일 우리가 태양의 에너지를 사용하여 직접 기계적인 움직임을 만들 수 있다면 이 또한 유용할 것이다. 기계적인 움직임은 매우 유용하며 기계를 구동하는데 직접 사용할 수 있다.

태양으로부터 오는 에너지의 종류를 보면 열과 빛의 형태임을 알 수 있다. 에너지는 진공 공간을 통하여 복사에 의해 전달된다.

이렇게 복사된 에너지를 어떻게 기계적인 움직임으로 바꿀 것인가?

여러분은 한 때 전 세계적으로 철도에 이용되었던 증기엔진에 익숙할 것이다. 증기엔진은 간접 연소 엔진의 구조로, 석탄을 태워서 물의 온도를 올려서 상의 변화를 가져온다. 즉, 물이 액체에서 기체로 된다. 이렇게 함으로써 물은 부피가 변하며, 작은 공간에서 넓은 공간을 차지하게 된다. 이러한 변화가 피스톤을 움직여 기계적인 움직임을 일으키는 것이다. 더군다나, 뜨거운 수증기가 물로 다시 되면서 변화하는 부피 또한 움직임을 제공한다.

만일 여러분이 이러한 것을 확인해 보고 싶다면, 음료수 캔의 바닥에 물을 조금 채우고, 그것을 난로에서 캔으로부터 물 증기가 나올 때까지 가열해 보자. 이것은 물이 끓는다는 증거이며, 이제 집게를 이용하여 캔을 뒤집은 후 윗 부분을 얼음으로 차게 한 물에 넣어 보자. 캔은 즉각 찌그러질 것이다!

이로부터 온도의 변화가 움직임을 만들 수 있다는 것을 확인할 수 있으며, 우리는 이러한 원천 에너지를 어떻게 이용할 수 있는지를 살펴볼 것이다.

이 장에서 보여주고 있는 엔진은 열역학적인 원리를 이용하는 열 엔진이다. 이 장에서는 여러분이 상대적으로 간단한 재료를 이용하여 만들 수 있는 몇 개의 태양 엔진에 대해 소개하고자 한다.

이 장에 있는 모든 엔진은 비교적 약한 기계적인 힘을 만들어 내지만, 제시된 태양 엔진들은 태양에너지가 기계적인 장치를 직접 구동할 수 있음을 보여준다.

나는 이 장의 많은 프로젝트를 준비해 준 허버트 스티어호프의 충고와 지도에 대해 대단히 감사 드린다.

PROJECT 30

태양열 새 엔진 만들기

준비물

- 행복한 물먹는 새

- 은색 스프레이 페인트

- 검은색 스프레이 페인트

필요한 도구

- 수술용 칼

- 주전자

이번 프로젝트를 진행하기 위해 새 한 마리를 죽이고자 한다. 다행스러운 것은 그 새가 값싼 장난감 새이기 때문에 우리가 양심의 가책을 받을 일은 없다는 것이다.

'행복한 새', '물 마시는 행복한 새', '물 마시는 새' 또는 '넘어지기 쉬운 새'로 불리는 이 웃기는 이름의 새는 그림 12-1에 보이는 것처럼 싸면서도 특이한 장난감이다. 이는 또한 충분한 과학적 호기심을 불러일으킨다!

우선, 바로 새를 죽일 필요는 없다. 분해하기 전에 어떤 식으로 작동하는지 보는 것이 도움이 될 것이다. 잠시 동안 가지고 놀아보도록 하자 (그림 12-2).

그림 12-1 박스 안에 있는 물 마시는 새.

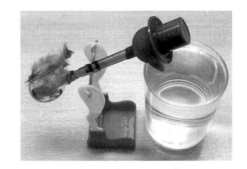

그림 12-2 움직이는 물 마시는 새.

● 물 마시는 새는 어떻게 작동하는가?

물 마시는 새는 중심 축에 붙어 있는 유리관으로 연결된 한 쌍의 유리구로 구성되어 있다. 그 중심은 새 다리의 윗부분에 있으며, 머리 쪽에 있는 유리구는 비어 있고, 꼬리 쪽에 있는 유리구는 액체로 가득 차 있다.

새 안에 있는 액체 (이염화메탄)는 작은 온도 변화에도 쉽게 응축이 된다. 정상적인 작동을 위해서는 먼저 새의 머리를 유리컵 안에 있는 물에 담근 후 가만히 서 있도록 둔다. 자 그리고 무슨 일이 일어났는가? 물이 새의 머리에서 증발하기 시작 했는가? 물이 증발되면, 그 과정에서 새의 머리 쪽의 유리구는 아래쪽에 있는 유리구와 비교하여 상대적으로 차갑게 된다.

 주의

물 마시는 새에 들어 있는 액체는 이염화메탄 (dichloromethane, DCM)이다. 이 화합물은 고약한 물질이다. 물 마시는 새의 유리구에 차 있는 동안은 안전하지만 새어 나오면 상당히 곤란하다. 그러므로, 깨지거나 손상이 가지 않도록 조심스럽게 다루도록 하자.

머리 쪽의 유리구가 차갑게 되면 여기에 있는 이염화메탄 기체가 응축을 시작하여 압력이 떨어지게 되며, 그 결과로 아래 쪽의 액체가 머리 쪽으로 흐르기 시작한다.

액체가 중심의 관을 통하여 이동하면 새의 몸통에 있는 액체의 무게 분포가 변하게 된다. 그 결과, 새의 머리가 무거워지게 되고 새는 중심축을 기준으로 회전하게 된다. 이러한 움직임이 바로 열 엔진이 하고 있는 유용한 일이다.

새가 뒤집어지면 이염화메탄으로 막혔던 유리 튜브가 뚫리게 된다. 따라서 작은 증기 방울이 유리 튜브를 통하여 흐른다. 이렇게 함으로써 액체를 꼬리 쪽 유리구로 이동시키게 된다. 이와 같이 액체가 위에서 아래로 흐르면, 증기압은 평형을 이루고 새는 다시 똑바로 서게 된다.

액체가 흘러 아래로 내려가면 무게 분포가 바뀌어서 새는 수직 위치로 회전하며, 이는 유용한 일을 다시 한 번 한 셈이 된다.

이러한 순환은 유리컵의 물이 없어질 때까지 반복이 된다. 이 과정은 물의 증발을 일으키는 주변의 열에 의해 진행된 것이다. 이염화메탄은 사용되어 없어지지 않는다. 이는 엔진의 동작 유체로 작용하며, 물 마시는 새의 안에 머물러 있다.

물 마시는 새를 개조할 것인데, 물의 증발에 의한 온도차를 이용하는 대신에 태양 빛을 흡수하고 반사하는 것에 의해 만들어지는 온도차를 이용할 것이다.

➡ 어떻게 개조할 것인가?

여러분은 새가 지속적으로 움직일 수 있도록 계속 물을 채우는 일을 하고 싶지 않을 것이다.

만약 여러분에게 부수는 것을 좋아하는 성향이 있다면 이제부터 재미있을 것이다.

먼저 이 맹수로부터 옷을 모두 벗겨내도록 하자! 주전자에 물을 끓여 뜨거운 물을 부으면 장난감의 옷에 붙은 접착제가 부드러워져서 제거하는 것이 더 쉬워질 것이다. 유리는 얇아서, 깨지기 쉽다는 것을 명심하도록 하자.

모자를 벗기도록 하자. 모자는 유리구의 한 쪽이 튀어나온 것을 가려준다 (그림 12-3과 12-4). 모자를 벗길 때는 주의하도록 하자. 만일 유리구의 한 부분이 깨어지면 물 마시는 새는 더 이상 작동하지 않을 것이다.

꼬리털을 제거하도록 하자. 다음으로는 머리에서 옷감과 코를 제거하도록 하자. 날카로운 수술용 칼로 옷감 뒤의 플라스틱을 자르고 뜨거운 물을 이용하여 접착제와 찌꺼기를 제거할 수 있다. 이제 깨끗하고 보기 좋은 유리 기구만이 남았을 것이다.

이 장치는 온도 차이의 원리로 작동하는 것을 상기하자. 검은 색 표면은 태양의 열에너지를 흡수하고, 반짝이거나 빛을 반사하는 면은 태양에너지를 반사한다는 것을 앞에서 배운 것을 기억할 것이다. 검은색 차는 바로 옆의 은색 차 보다 더 뜨겁다! 따라서 차에 긁힌 곳이 있을 때 사용하는 스프레이 페인트를 이용하여 아래 유리구는 검은색으로 칠하고 위의 전구는 은색으로 칠하도록 하자. 물의 증발이 새의 머리를 식힌다는 것이 기억나는가? 그렇다, 은색 페인트는 머리를 차게 유지하는데 도움을 준다. 새의 몸통 부분인 검은 색 유리구는 태양의 열에너지를 흡수하여 가열이 된다.

이제 태양 엔진이 새의 다리 부분에 위치하도록 한 후, 태양 빛이 강한 곳에 놓아두자. 이제 여러분은 물 없이도 엔진이 잘 작동하는 것을 볼 수 있을 것이다.

그림 12-3 장식물을 벗겨낸 물 마시는 새.

그림 12-4 새로 색칠된 개조한 물 마시는 새.

PROJECT 31

방사형 태양열 깡통 엔진

준비물

- 천장용 폴리스티렌 타일 또는 폴리스티렌 판

- 낡은 깡통 3개

- 딱딱한 철사 (옷걸이 철사가 이상적임)

- 풍선 3개

- 나무 받침대

필요한 도구

- 깡통 따개

- 가위

- 철사 절단기

여러분은 낡은 복엽비행기의 엔진을 기억할 것이다. 이 비행기들은 프로펠러를 돌게 하는 중앙 축을 중심으로 피스톤들이 원형으로 구성되어 있으며, 이는 방사형 엔진으로 알려져 있다. 자동차의 엔진에서는 피스톤들이 직선상에 있거나 V자 형태로 구성되어 있다.

이번 프로젝트에서는 항공유를 연료로 사용하는 대신에 태양열로 작동되는 방사형 엔진을 만들어 보고자 한다.

● 어떻게 태양열 방사형 엔진이 작동하는가?

태양에 노출된 깡통은 (예를 들어 폴리스티렌 가리개로 가려지지 않은) 태양 빛을 흡수하는 검은 덮개로 덮여 있어 온도가 올라가게 된다. 이러한 온도의 증가는 깡통 안의 공기를 팽창하게 한다. 이에 따른 부피의 증가는 깡통을 덮고 있는 고무막에 힘을 가하게 된다. 고무막은 짧은 막대에 연결되어 있는데, 이 짧은 막대는 깡통이 회전할 수 있도록 축을 밀게 된다. 만일 깡통이 충분히 회전하면, 폴리스티렌 가리개에 덮여서 더 이상 태양 빛이 깡통에 미치지 않게 된다. 그러면 결과적으로 깡통 안의 공기 온도는 떨어지게 된다. 공기의 온도가 떨어지면 수축하고 이로 인해 고무막은 축으로부터 당겨지게 된다 (그림 12-5에서 12-12).

그림 12-5 태양열 방사형 엔진.

그림 12-6 폴리스티렌 가리개.

그림 12-7 뒤에서 본 깡통 엔진.

그림 12-8 조립된 깡통 엔진 (축을 자세히 살펴보자).

그림 12-9 받침대 위에 얹은 깡통 엔진 (위에서 본 모습).

그림 12-10 받침대 위에 얹은 깡통 엔진 (옆에서 본 모습).

그림 12-11 크랭크의 구성을 주의 깊게 살펴 보자.

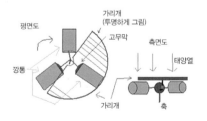

그림 12-12 방사형 깡통 엔진의 도면.

191

CHAPTER  **13**

태양에너지를
이용한 전자회로

이 장에서는 태양에너지에 의해 작동하는 몇 가지 작은 전자기기를 만들어 보고자 한다. 이 장에서는 얼마나 많은 일반 가전제품이 태양에너지에 의해 작동할 수 있는지에 대한 가능성을 제시하고자 한다.

PROJECT 32

나만의 태양전지 충전기 만들기

준비물

- AA 건전지 홀더

- 9 V 전지 클립 (건전지 홀더에 연결하는데 필요하다)

- 태양전지 8개 (강한 태양 빛에서 0.5 V, 20 ~ 50 mA)

- 1N5818 쇼트키 다이오드

충전이 가능한 이차전지는 경제적뿐만 아니라 환경적으로도 의미가 있다. 동일한 이야기로 음료수를 마실 때마다 유리컵을 던져 버리지는 않을 것이다. 따라서 동일한 기능을 반복하여 사용할 수 있는 다른 부분은 멀쩡한데도 불구하고 다 쓴 건전지를 버린다는 것은 논리에 맞지 않다.

전지를 충전하는데 전력망의 전력을 전혀 사용하지 않는다는 것은 더욱 바람직한 일이다. 여러분은 태양에너지를 이용할 수 있다!

태양전지 충전기는 영국에 있는 대체기술 센터에서 만든 상업용 모델을 구매할 수 있다 (부록의 판매처 목록 참조) (그림 13-1). 하지만 전기회로에 대해 이해하고 있다면 간단히 만들어 볼 수 있다.

여기 있는 전기회로는 태양 빛에 놔두면 AA전지 한 쌍을 충전할 수 있다. 이 회로는 어떠한 조절도 하지 않는 매우 단순한 디자인이기 때문에 전지가 충전되면 반드시 전지를 분리해야 한다.

그림 13-1 상용화된 태양전지 충전기.

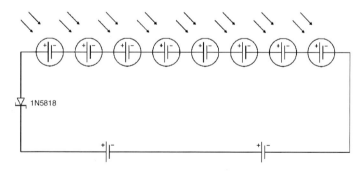

그림 13-2 태양전지 충전기 구성도.

쇼트키 다이오드는 태양전지에 전력이 없을 때 배터리의 전력이 태양전지로 되돌아가는 것을 막아주는데, 쇼트키 다이오드가 태양전지가 너무 많은 전력을 빼앗아가는 것을 막아주므로 전지로 전달되는 전력을 극대화하게 된다.

그림 13-2는 태양전지 충전기의 구성을 나타내고 있다.

힌트

만약 여러분이 맑은 날이 드물고 흐린 날이 잦은 곳에 산다면, 생산되는 전력이 증가하도록 몇 개의 셀을 추가로 직렬로 연결하도록 하자.

전기회로의 구성은 매우 단순하다. 이와 같은 프로젝트에 사용할 수 있는 다양한 종류의 케이스가 있으며, 만약 여러분이 건전지 홀더가 구비된 케이스를 구했다면 작업하기가 훨씬 용이할 것이다.

만약 여러분이 멋진 제품을 만들고 싶다면, 작은 전류계를 추가하여 충전 상태를 표시할 수도 있다.

조언

전지에 태양빛이 비치지 않게 케이스에 넣자. 만약 전지가 너무 뜨거워지게 되면 전해액이 샐 수 있다. 이는 전지에 손상을 주고 주변을 지저분하게 만들 것이다.

PROJECT 33

나만의 태양전지 핸드폰 충전기 만들기

준비물

- 핸드폰에 적합한 차량용 충전기

- 7812 전압 조절기

- 15 V 태양전지 판

- 100 μF 콘덴서

- 100 pF 콘덴서

- 1 mH 인턱터

- 1N5819 다이오드

- 274 kΩ 저항 (오차 1 %)

- 100 kΩ 저항 (오차 1 %)

- 100 μF 콘덴서

- USB 소켓

- MAX 630 CPA 집적회로

그림 13-3 태양전지 전화부스.

항상 반복되는 낡은 이야기 중의 하나이다. 여러분이 핸드폰으로 통화하고자 할 때 배터리가 완전히 방전되어 버리면 통화가 끊어질 것이다! 배터리 충전기가 없거나 혹은 배터리 충전기가 있어도 수 km 이내에 사용할 수 있는 전력이 없으면 아무런 도움이 되지 않을 것이다.

그림 13-3과 같이 영국의 대체기술 센터에는 태양전지로 작동하는 전화부스가 있다. 이 전화기는 깨끗한 친환경에너지로 충전이 되지만, 들고 다니기 편하다고 할 수는 없겠다!

이번 프로젝트에서는 핸드폰이나 PDA에 전력을 제공할 회로를 만들 것이다. PDA 정도까지가 작은 태양전지 셀을 이용하여 충전할 수 있는 최대한의 수준이며, 노트북을 충전하는 것은 아마 지나친 욕심일 것이다. 이 회로를 만들고자 할 때 문제점은 다양한 핸드폰에 대해 적합한 커넥터를 찾는 것이다. 노키아의 경우는 많은 부속품 납품업체로부터 쉽게 구할 수 있는 간단한 잭을 제공하므로 작업이 쉽지만, 많은 다른 핸드폰 제조 회사들은 표준화가 되어있지 않아서 작업이 불편하다.

이러한 이유로, 우리는 자동차용 핸드폰 충전기를 기반으로 실험을 하고자 한다.

이번 프로젝트는 두 가지 약간 다른 방식으로 접근이 가능하다. 처음 방법은 12 V 태양전지 판을 이용하는 것이다. 이는 12 V를 공급하고 그림 13-4처럼 자동차용 충전기로 충전을 한다. 또 다른 방법은 USB 형태의 충전기를 이용한다. 이는 USB MP3 플레이어, PDA, 핸드폰 등에 이상적이고 대부분 데이터 통신용으로 나온다. 우리가 사용할 태양전지 셀은 잉여 전력이 있을 때 두 개의 전지를 충전할 수 있으며, 전압 조절기는 장치를 작동할 수 있도록 5 V로 전압을 변환한다 (그림 13-5). 이 회로의 장점은 태양 빛이 약하거나 밤일 경우에도, 완전히 충전된 배터리를 바로 꺼내서 원하는 기기에 사용할 수 있다는 것이다.

자동차용 충전기는 핸드폰을 차에 있는 시가라이터 소켓이나 액세서리 소켓에 연결하도록 되어 있다. 이는 값싸고 손쉽게 이용할 수 있지만, 전화기를 충전하기 위해서는 자동차가 있어야 할 것이다!

이 프로젝트를 수행하는 데에는 몇 가지 방법이 있다. 차량용 충전기를 연결할 수 있도록 접속 상자를 제작하거나, 좀 더 도전적이라면 차량용 충전기를 분해한 후 이를 상자 안에 다시 적절하게 조립하는 것이다. 두 개를 서로 분리하여 가지고 있을 때의 장점은 차량용 충전기를 독립적으로 사용할 수 있는 것이며, 원한다면 태양전지로부터 전력을 얻을 수도 있다. 모든 부품을 결합하여 하나로 만든 경우의 장점은 깔끔하게 독립적인 제품을 만들 수 있다는 것이지만, 두 부분을 분리할 수는 없다.

 주목

시가라이터 소켓 - 소켓의 외부금속은 보통 축전지의 음극과 연결되어 있다.

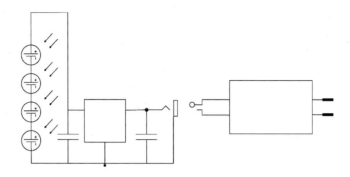

그림 13-4 태양전지를 이용한 차량용 충전기의 도면: 차량용 충전기.

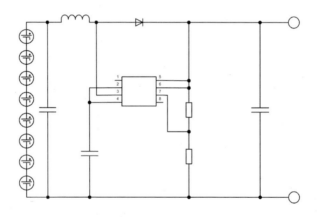

그림 13-5 태양전지를 이용한 차량용 충전기의 도면: USB 형태.

PROJECT 34

나만의 태양전지 라디오 만들기

준비물

- 페라이트 막대 안테나

- 60-160 pF 가변 콘덴서

- BC183 트랜지스터

- 10 nF 콘덴서

- 0.1 mF 콘덴서 2개

- 470 μF 콘덴서

- 220 Ω 저항

- 1 kΩ 저항

- 100 kΩ 저항 2개

- 10 kΩ 가변 저항

- 스피커

- 태양전지 셀

- PCB 기판

- 공구

- 납땜기

- 납땜용 납

태양전지 라디오는 또 하나의 멋진 생각이다! 사막의 섬에서 태양전지 라디오를 듣는 것을 상상해 보자. 여러분이 조난을 당했다면, 여러분이 가장 좋아하는 방송을 들을 수 있게 될 것이다!

이 회로에서 우리는 태양에너지로 작동되는 간단한 AM 라디오를 만들고자 한다.

상용으로 태양에너지에 의해 작동하는 라디오를 살 수도 있지만, 나만의 라디오를 만드는 것도 어렵지는 않다. 우리는 복잡한 것은 모두 제거하고, 간단히 라디오를 만들기 위해 MK484 집적회로를 사용하고자 한다. 이 집적회로는 세 개의 핀을 가지는 트랜지스터처럼 생겼으며 외부 부품의 사용을 최대한 줄일 수 있게 설계되었다.

태양전지 라디오의 회로도는 그림 13-6과 같다.

이 라디오는 두 가지를 조절할 수 있는데, 가변 콘덴서는 주파수를 조절하고 가변 저항은 트랜지스터 증폭기의 소리 크기를 조절하는 역할을 한다.

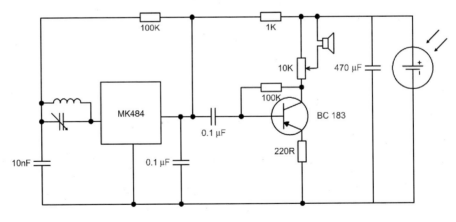

그림 13-6 태양전지 AM 라디오의 회로도.

그림 13-7 헤드폰과 결합한 상용 태양전지 라디오.   그림 13-8 수동 발전기와 태양전지를 사용하는 라디오.

태양전지 라디오는 이미 많이 상용화되어 있는데, 그림 13-7에 보이는 태양전지 라디오와 같이 헤드폰 위에 태양전지 라디오를 장착하는 것도 손쉬운 방법 중의 하나이다. 그림 13-8에 있는 라디오는 트레버 베일리스가 발명한 'Freeplay' 라디오이다. 이는 두 가지의 재생에너지를 사용하는데, 태양에너지를 사용하거나 태양이 없을 때는 손으로 핸들을 돌려서 전력을 생산할 수도 있다. 이제는 언제든지 좋아하는 채널의 라디오를 들을 수 있을 것이다.

PROJECT 35

나만의 태양전지 손전등 만들기

준비물

- 1.5 V 태양전지 셀 4개

- AA 600 mAh NiCd 전지

- 1N5817 제너 다이오드

- 220 kΩ 1/4 W 탄소 박막 저항

- 100 kΩ 1/4 W 탄소 박막 저항

- 91 kΩ 1/4 W 탄소 박막 저항

- 10 kΩ 1/4 W 탄소 박막 저항

- 560 Ω 1/4 W 탄소 박막 저항

- 3.3 Ω 1/4 W 탄소 박막 저항 2개

- C9013 NPN 트랜지스터

- C9014 NPN 트랜지스터

- C9015 PNP 트랜지스터

- 300 pF 세라믹 콘덴서

- 100 nF 세라믹 콘덴서

- 1 nF 세라믹 콘덴서

- 82 μH 인덕터

- CdS 광센서 47 kΩ @ 10 lux

- LED 2개

쓸모 없는 물건들의 목록을 만들어 본다면, 아마도 태양전지 손전등이 그 중에서도 앞부분을 차지할 것 같다. 빛을 이용해서 에너지를 만들고, 결국 이 에너지로 다시 빛을 만드는 셈이다? 배터리를 이용하여 전력을 저장할 수 있다는 것을 잊지 말자. 이는 태양전지 손전등을 이해하기 위한 중요한 요소이다! 이제 태양전지 손전등에 조금 더 흥미가 생기는가?

태양전지 손전등은 만들어 두면 유용한 물건이며, 맑은 날 창가에 두도록 하자. 정전이 되었을 때, 믿음직한 태양전지 손전등으로 조명을 얻을 수 있다.

그림 13-9와 13-10은 태양전지 손전등을 보여주고 있다. 동그란 손전등을 만들고자 한다면 고려해야 할 것은:

- 전등이 구를 경우에, 태양전지 셀이 위를 향하도록 무게 중심을 잡는다.

  또는

- 평평한 표면에 있을 때 태양전지 셀이 위를 향하도록 손전등에 평평한 면을 만들어 준다.

태양전지 손전등이 굴러서 햇빛이 태양전지 셀에 비추지 못한다면 유감스러운 일이다.

그림 13-11은 회로를 보여주고 있다. 이는 이번 장의 뒷부분에서 보게 될 태양전지 정원등 회로의 변형이며, 정원등에서는 한 쌍의 저항과 스위치가 광센서의 작용을 대신한다. 정원등에서는 수동으로 LED를 조작할 수 있고, 하나의 배터리를 사용하므로 경제적이다.

그림 13-9 태양전지 손전등.　　　　　　그림 13-10 포장된 상태의 태양전지 손전등.

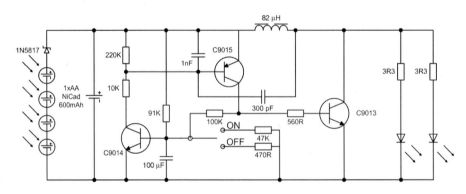

그림 13-11 태양전지 손전등의 회로도.

PROJECT 36

나만의 태양전지 경고등 만들기

준비물

- 0.1 F 콘덴서, 5.5 V

- 100 μF 콘덴서

- 6.8 μF 콘덴서

- 100 kΩ 저항 2개

- 100 Ω 저항 2개

- PNP 트랜지스터

- NPN 트랜지스터

- 1N4148 다이오드 2개

- 고광도 적색 LED

- 100 μH 인덕터

- 작은 태양전지 셀 4개

필요한 도구

- 납땜 인두

경고등, 깜박이등, 안내등과 같이 많은 실용적인 적용 방법이 있다. 경고등이나 깜박이등을 설치하고자 하는 곳에 전기가 없을 경우가 자주 있다. 배터리를 이용하여 전등을 밝힐 수 있지만, 때때로 배터리를 교체하는 것이 바람직하지 않은 곳에 전등을 설치해야 할 때가 있다. 태양에너지는 청정한 재생에너지를 만들어 낼 뿐만 아니라 기존의 전력망이 쉽게 도달하기 힘든 곳이나 전지를 바꾸는 것이 문제가 되는 멀리 떨어진 곳에 전기를 공급하게 해줄 수 있다.

그림 13-12는 다양한 적용이 가능한 상업적으로 판매되는 방수가 되는 태양전지 경고등이다. 예를 들어 자전거를 탈 때 등 뒤에 걸칠 수도 있다.

안내등에는 몇 가지의 작동 형태가 있다. 안내등을 'OFF' 모드로 해 두면 태양전지 셀이 배터리를 충전하게 되며, 어떠한 경우에도 안내등은 반짝이지 않을 것이다. 'Solar' 모드에서는 안내등이 낮 동안 충전을 하고, 센서가 낮은 빛 조건을 감지하게 되면 충전이 가능한 배터리에 저장된 전기를 사용하여 반짝이기 시작한다. 경고등을 켜진 상태로 놓으면 낮이건 밤이건 경고등이 반짝인다. 하지만 이런 경우에는 배터리가 방전된다는 것을 기억하자.

그림 13-12 방수가 되는 태양전지 경고등.

만일 경고등을 항상 외부에 설치할 경우, 침수나 다른 먼지로부터 회로를 (그림 13-13) 어떻게 보호할 지를 생각해야 한다. 케이스를 파는 대부분의 업체는 외부에서 사용하기에 적당한 방수 케이스를 팔고 있다. 다른 방법으로는 플라스틱으로 된 음식 용기 (락앤락과 같은)와 같은 방수가 되는 적절한 것을 이용하여 만들 수도 있다.

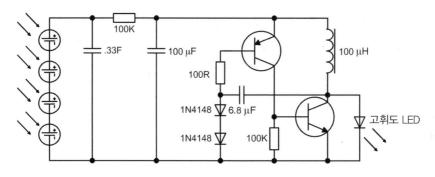

그림 13-13 태양전지 경고등의 회로도.

PROJECT 37

나만의 태양전지 정원등 만들기

준비물

- 1.5 V 태양전지 셀 4 개

- AA 600 mAh NiCd 전지

- 1N5817 제너 다이오드

- 220 kΩ 1/4 W 탄소 박막 저항

- 100 kΩ 1/4 W 탄소 박막 저항

- 91 kΩ 1/4 W 탄소 박막 저항

- 10 kΩ 1/4 W 탄소 박막 저항

- 560 Ω 1/4 W 탄소 박막 저항

- 3.3 Ω 1/4 W 탄소 막막 저항 2 개

- C9013 NPN 트랜지스터

- C9014 NPN 트랜지스터

- C9015 PNP 트랜지스터

- 300 pF 세라믹 콘덴서

- 100 nF 세라믹 콘덴서

- 1 nF 세라믹 콘덴서

- 82 μH 인덕터

- CdS 광센서 47 kΩ @ 10 lux

- LED 2 개

필요한 도구

- 납땜 인두

그림 13-14와 같이 태양전지를 이용한 길 안내등은 오늘날 거의 모든 정원에서 사용되고 있다! 전기 배선을 이용하는 것보다 태양에너지를 이용하는 것은 많은 장점을 가지고 있다. 무엇보다도 전기 배선 시스템은 부품들이 드러나 있다. 또한 낮은 전압의 부품과 부속에 적합하도록 전압을 낮추기 위한 변압기가 필요한데, 그렇지 못할 경우에는 비싼 부품과 부속이 필요하다. 그리고 나서도 고려해야 할 것은 설사 낮은 전압으로 시스템을 구성했다고 해도 정원사의 삽에 의해 쉽게 손상될 수 있다. 땅을 팔 때 삽을 잘못 사용하면 정원의 전기 배선을 절단할 수 있다.

태양전지를 이용한 정원등은 이러한 단점을 하나도 갖고 있지 않다. 낮에는 배터리를 충전하고 어두워지면 불을 켜서 환하게 해 준다. 빛의 강도는 CdS 광센서를 이용해서 측정한다. 우리가 얻을 수 있는 상대적으로 적은 양의 에너지로 적당한 조명을 얻기 위해서 이 프로젝트에서는 그림 13-15와 같이 효율이 좋은 LED를 사용해야 한다.

그림 13-14 태양전지 정원등.

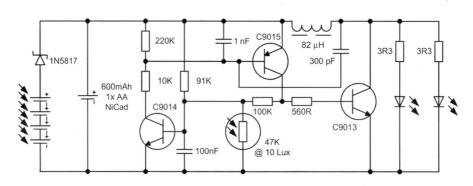

그림 13-15 태양전지 정원등의 회로도.

SOLAR ENERGY PROJECTS

CHAPTER **14**

태양위치
추적

PROJECT 38 : 간단한 태양위치 추적기

한 학교에서는 일년 동안 평균적으로 가능한 한 태양 빛을 많이 받는 위치인 지붕과 같은 고정된 위치에 태양전지 판을 설치하는 것을 홍보하였다. 이러한 접근방법은 당연히 적용 가능하지만, 3장에서 보았듯이 태양은 하늘에 고정된 물체가 아니다. 즉, 태양은 움직이기 때문에 이러한 접근 방법이 최선은 아니다.

또 다른 해결책은 그림 14-1과 14-2에 보이듯이 추적 장치를 이용하여 태양을 적극적으로 추적하는 것이다. 여기에 필요한 것은 모터, 유압 구동기 혹은 태양전지 판을 움직일 수 있는 다른 장치를 이용하여 태양을 추적하는 것이다. 이러한 접근방법은 몇 가지 장점이 있다. 태양은 태양전지 판과 항상 마주보게 되어 태양전지 판이 최대의 효율로 작동하게 된다.

이러한 장치의 주된 단점은 태양전지 판을 움직이려면 에너지가 요구되고, 태양전지 판이 만들어내는 에너지에서 그 요구되는 에너지를 소모하여야 한다는 것이다.

또한 이는 특정한 상황에서는 적당하지 않다. 만일 지붕에 설치하였을 경우에 태양이 움직일 때마다 지붕이 움직인다는 것은 무리가 있다.

이 장에서는 태양의 위치를 추적하는 회로를 만들 것이고, 이를 이용하여 태양전지 판을 움직일 것이다. 이 회로는 간단하며, 시범용 장치를 구동하기 위해서 작은 모터를 사용할 것이다. 하지만 적당한 회로만 사용한다면 커다란 태양전지 판을 움직이기 위해 대형화하는 것도 용이할 것이다.

그림 14-1 웨일즈의 스노우도니아 근처의 란르스트에 있는 태양위치 추적기. 둘라스 회사의 양해 하에 게재.

그림 14-2 웨일즈의 스노우도니아 근처의 란르스트에 있는 태양위치 추적기. 둘라스 회사의 양해 하에 게재.

PROJECT 38

간단한 태양위치 추적기

준비물

- LDR 3개

- 33 Ω 저항

- 75 Ω 저항

- 100 Ω 가변저항

- 10 kΩ 가변저항

- 20 kΩ 가변저항

- 2N4401 트랜지스터

- TIP120 Darlington pair 트랜지스터

- 9 V 릴레이

- 5 V 모터

➡ 어떻게 회로가 작동하는가?

그림 14-3과 같이 3개의 CdS 광저항이 필요하다. 이 광저항은 빛이 없을 때 저항값
이 약 5 kΩ이지만 빛에 노출되면 저항값은 몇 백 Ω으로 바뀐다.

세 번째 CdS 광저항은 가려진 곳에 있어서 직접적으로 태양과 정면으로 마주 볼 때만 빛을 받게 된다. 태양이 이 광저항을 비추면 저항이 떨어지게 되고, 결과적으로 태양이 비출 때 달링톤 쌍 트랜지스터는 작동하지 않게 된다.

태양이 세 번째 광저항을 비추지 않게 되면 저항값이 올라간다. 이 경우에는 달링톤 쌍 트랜지스터가 작동하여 릴레이가 작동하게 되며, 그 결과 모터가 태양전지 판을 움직이게 된다.

여기에서 릴레이 및 모터와 연결된 가변저항은 모터의 속도를 조절한다. 이 모터는 충분히 느린 속도로 움직여서 세 번째 광저항이 변화에 반응하는 것을 지나치지 말아야 한다.

두 번째 광저항은 태양전지 판과 함께 설치되어 전체 하늘을 볼 수 있다. 이것의 기능은 태양이 없을 때, 태양전지 판이 태양을 찾는 것을 방지하기 위해서 태양의 존재 여부를 확인하는데 있다. 만일 태양이 존재하면 이를 감지하여 NPN 트랜지스터의 베이스를 낮은 상태로 만든다. 하지만 태양이 구름으로 가려지면 저항이 높아져서 NPN 트랜지스터의 베이스를 높은 상태로 만들고, 그 결과 달링톤 쌍 트랜지스터의 베이스는 낮은 상태가 되어 태양을 추적하는 것을 막는다.

첫 번째 광저항은 태양위치 추적기의 뒷면에 설치되어 있다. 이것은 동쪽에서 오는 아침의 새로운 빛을 감지하여 태양전지 판이 새로운 빛의 태양에 마주할 수 있도록 위치 추적시스템을 활성화시킨다. 그림 14-4에 태양전지 판과 센서의 배치를 보여주고 있다.

 힌트

만일 전자회로를 사용하지 않고 CdS 광저항의 감도를 줄이고자 한다면, 센서 위에 검은색 유성펜으로 색칠을 하여 빛에 대한 감도를 줄일 수 있다. 이렇게 하면 빛이 센서에 들어오는 양을 줄이기 때문이다.

SOLAR ENERGY PROJECTS

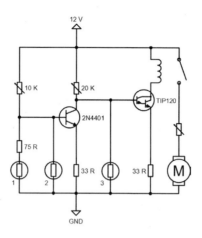

그림 14-3 단순한 태양위치 추적기의 회로도.

센서 1은
뒷면에 있으며,
여기에 태양이 감지되면
아침으로 인식하고
동쪽으로 태양전지 판을
회전시킴

전력을 생산하는
태양전지

센서 3은
태양전지 판이
태양을 향하고 있는지 감지

센서 2는
태양의 존재를 감지

모터를 구동하여
태양전지 판이
태양을 향하게 함

그림 14-4 태양전지 판과 센서의 배치.

 조언

홈페이지가 www.solar-trackers.com인 Poulek Solar 사에서는 상업용 태양위치 추적회로와 태양전지 판을 설치할 수 있는 튼튼한 야외용 태양위치 추적기를 만드는데 필요한 모든 부품을 판매하고 있다. 부록의 판매처 목록을 참고하자.

💬 더 상세히 알아보자

여기에서의 간단한 회로를 태양전지 판을 움직이는 데만 쓸 필요는 없다. 이 책에 있는 다른 태양전지 관련 프로젝트에 적용하는 것을 생각해 볼 수 있다. 예를 들어 태양열 조리기를 움직일 수 있을 것이다. 여기에서 회로에 사용한 모터는 작지만 더 큰 설비를 움직이기 위해서는 기어를 사용할 수 있다. 지금은 모터의 속도를 매우 느리게 움직이고자 하며, 느리게 움직이는 것이 이상적이다.

 웹사이트

더욱 정교한 태양위치 추적기에 대해 알고 싶다면, 아래의 홈페이지를 참고하도록 하자.

- www.redrok.com/electron.htm#tracker
- www.phoenixnavigation.com/ptbc/articles/ptbc55.htm

💬 실제로 사용되는 태양위치 추적기

이제 우리는 모델을 만들었다. 실제로 사용되는 태양위치 추적기를 살펴보고 기술의 가능성에 대한 통찰력을 기르도록 하자.

조언

스코틀랜드의 호위씨

호위씨의 집의 지붕은 태양전지 판을 설치하기에 충분히 튼튼하지 않고, 고정장치를 설치할 서까래의 위치도 불규칙하여 태양전지 판을 설치하기가 곤란하였기 때문에 태양위치 추적기를 설치하는 것을 향후의 나아가야 할 방향으로 설정하였다. 호위씨 집의 부지는 매우 넓은 평야로 둘러싸여 있으므로 독립적으로 태양전지 판을 설치하는 것이 타당하였다. 스코틀랜드는 위도가 높은 지역이므로 태양에너지를 최대한 활용하기 위해서는 태양위치 추적기를 설치하는 것이 최선의 선택이었다.

태양전지 판 (그림 14-5)은 최대출력 1.92 kW이며, 설치비의 48%는 에너지 절감 기금에서 지원받았다.

그림 14-5 스코틀랜드 호위씨의 땅에 설치된 태양위치 추적기. 둘라스 회사의 양해 하에 게재.

219

태양에너지 운송 수단

SOLAR ENERGY PROJECTS

💬 왜 태양에너지 운송수단인가?

오늘날 우리의 생활은 장거리 여행을 요구하고 있다. 역사적으로 모든 여행은 도보에 의해 이루어졌지만, 지금은 자동차, 배 그리고 기차를 이용해서 여기저기를 여행하고 있다.

세계는 점점 좁아지고 있다. 이제 낮은 비용의 항공료로 하루면 세계의 어디든 갈수 있으며, 차로는 지역의 여기저기를 짧은 시간 안에 여행할 수 있다.

오늘날 세상은 우리의 여행 패턴에 의해 그 생활방식이 맞추어져 가고 있다. 많은 사람들은 일하고, 장보고, 여가를 즐기기에는 예전에는 너무도 먼 거리였던 교외에서 많이 살고 있다.

과거에는 장보는 것이 지역적이었지만, 지금은 그 지역을 벗어난 위치에 대형 쇼핑센터나 몰들이 펼쳐져 있다.

모든 이러한 운송수단의 증가는 우리에게 엄청난 편리함을 제공하고 있지만, 이를 위해 우리가 지불해야 할 비용은 얼마나 될까?

💬 운송수단에 대한 환경 비용

한 예로 미국의 LA시는 운송수단을 많이 이용한 것에 대한 대가를 지불하였다. LA시의 도시계획은 모두들 개인 자동차를 사용하는 것으로 되어 있었고, 대중교통 수단은 빈약하였다.

모든 운송수단은 석유자원을 사용한다. 우리는 휘발유나 경유를 주로 사용하는데, 이는 에너지 밀도가 높고, 현재까지는 손쉽게 사용할 수 있으며, 우리가 필요로 할때 즉시 공급이 가능하기 때문이다.

하지만 싼 휘발유가 없는 세상을 상상해 보자…… 어떻게 할 것인가? 1장에서 말했듯이 석유가 없는 세상은 생각보다 빨리 올 것이다.

더구나 휘발유나 경유를 태우게 되면 여러분과 내가 숨쉬는 공기 중으로 모든 나쁜 것 (이산화탄소, 산성비의 원인인 황산화물, 질소산화물, 분진, 미연소 탄화수소 등) 들이 배출되게 될 것이다. 우리는 이러한 치명적인 칵테일을 매일매일 공기 중으로 보내고 있는 것이다.

💬 대안은 무엇인가?

우선은 운송수단의 패턴을 바꾸어야 한다. 이와 같은 사회적 변화는 비용이 적게 들며, 최소의 투자로 가능하다. 여기에서 실제로 의미하는 것은 더 적게 운전하고 더 적게 비행하자는 것이다. 이는 어려워 보이지만, 실제로 의식적으로 노력하면 운송수단의 이용을 줄이는 것은 정말 쉽다.

또한 우리가 여행하는 양을 줄이는 것에 더하여, 다른 사람들이 여행하는 것을 줄이도록 할 수 있다. 예를 들어 지역에서 생산된 것을 사용하면 이를 이룰 수 있다. 대중 교통을 이용한다면 탄소 배출을 줄일 수 있다. 소수의 사람들이 이동하는 것보다 많은 사람들이 이동하는 것이 더 효율적이다. 효율의 향상은 우리가 더 많은 연료를 절감할 수 있고 대기 중의 탄소배출량을 줄일 수 있다는 것을 뜻한다.

그림 15-1 혼다 드림 자동차. 혼다의 양해 하에 게재.

하지만 화석연료를 기반으로 한 현재의 자동차에 대한 대안이 있어야만 하며, 그 대안은 이미 존재한다. 그 대안은 역시 태양에너지를 기반으로 한 것이다. 책을 읽어보고 얼마나 흥미로운 기술이 있는지 알아보도록 하자.

💬 태양전지 자동차

현재의 태양전지 자동차는 단순히 태양전지 셀을 장착하기 위해 너무 많은 면적을 요구하기 때문에 여러분이나 내가 운전하기에는 실용적이지 않다. 게다가 터널을 지나거나 태양이 구름에 가려졌을 때를 위해 태양에너지를 저장할 필요도 있다. 그럼에도 불구하고 태양에너지로 달리는 자동차를 만드는 것이 가능하다는 것을 보여주는 그림 15-1에 보이는 혼다 드림 자동차와 같은 태양전지 자동차는 매우 흥미롭다.

태양전지 자동차의 개발을 촉진하는 것을 목적으로 하는 몇 개의 경주대회가 있으며, 이 중에서 유명한 두 가지로 World Solar Challenge와 North American Solar Challenge가 있다. 만약 여러분이 진짜로 태양전지 자동차에 대해 더 잘 알고 싶다면, 몇몇 최고의 대학에서 이 경주에 자작한 태양전지 자동차를 출전시키고 있다.

좋다…… 경주에 일반적인 크기의 태양전지 자동차를 내보내는 것은 상당한 비용이 드는 일이다 (그림 15-2). 하지만 태양에너지에 대한 여러분의 열망을 만족시키기 위해 그 외에 무엇을 할 수 있을까? 다음의 프로젝트를 수행하면서 어떻게 간단한 태양전지 자동차를 만드는지 알아보도록 하자!

그림 15-2 태양전지 자동차 경주에 참가한 자동차들. NASA의 양해 하에 게재.

 ## 웹사이트

- World Solar Challenge의 홈페이지

  http://www.worldsolarchallenge.org/

- North American Solar Challenge의 홈페이지

  http://americansolarchallenge.org/

PROJECT 39

나만의 태양전지 자동차 만들기

이 프로젝트에서 작은 자동차를 추진하는데 태양에너지가 어떻게 사용되는지를 보여주는 작은 태양전지 자동차를 만들어 보도록 하자. 다음 프로젝트에서는 어떻게 경주팀을 구성하고, 레이서의 능력을 올릴 수 있는지 배우게 될 것이다.

준비물

- Solar Speeder 1.1 인쇄회로기판 (PCB)

- 고효율의 심이 없는 모터

- 모터를 장착할 클립

- 나일론 축이 있는 고무바퀴 3개

- 길이 43 mm, 직경 1.40 mm의 철 막대

- 검은색 플라스틱 바퀴용 축받이통 2개

- 0.33 F 금 콘덴서, 2.5 V

- 2n3904 트랜지스터

- 2n3906 트랜지스터

- 1381 전압 트리거

- 2.2 kΩ 저항 (선색 빨강/빨강/빨강/금색)

- SC2433 태양전지 셀, 24 x 33 mm, 2.7 V

- 태양전지 셀용 전선 1쌍

- 길이 25 mm, 게이지 18, 전선

필요한 도구

- 납땜 인두

- 롱노즈 플라이어

- 슬라이드 커터 또는 튼튼한 가위

- 줄 또는 사포

- 접착제, 고무 접착제 또는 글루 건

- 안전 안경 - 자르거나 뜯어낼 때 매우 중요하다

> **주의**
>
> 아래의 프로젝트를 위한 모든 부품을 Solarbotics에서 구입할 수 있다
>
> - http://www.solarbotics.com/

우선 그림 15-3에 보이는 솔라롤러 (Solaroller)의 모든 부품을 조립하도록 하자.

프로젝트를 끝마치면 솔라롤러는 그림 15-4에 보이는 바와 같이 예쁜 작은 벌레처럼 보일 것이다.

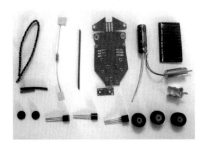

그림 15-3 솔라롤러의 구성 부품.

그림 15-4 조립된 솔라롤러. 솔라보틱사의 양해 하에 게재.

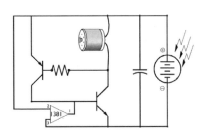

그림 15-5 솔라롤러의 회로도.

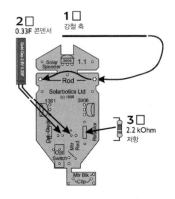

그림 15-6 1단계 - 솔라롤러의 조립. 솔라보틱사의 양해 하에 게재.

우선 그림 15-5의 회로도를 보자. 이는 태양전지 엔진에 대한 표준 회로도이다. 여기에서 일어나는 일은 작은 태양전지 셀이 큰 용량의 콘덴서에 전기 에너지를 저장하는 것이다. 전압이 주어진 한계점에 도달하게 되면, 1381 전압 트리거가 출력회로를 동작하게 하여, 전력을 콘덴서로부터 모터로 보내면, 모터가 움직이게 된다.

그림 15-6에 솔라롤러를 조립하는 첫 단계를 보여주고 있다. 축을 회로판의 'rod'로 적힌 두 개의 구멍에 끼운다.

다음은 고용량 콘덴서의 다리를 구부려서 콘덴서가 기판과 평행하게 한다. 그리고 나서 콘덴서 다리를 PCB기판에 납땜을 한다. 이 때 콘덴서의 극성이 제대로 되었는지 확인하도록 하자.

다음은 2.2 kΩ 저항을 보이는 것과 같이 납땜한다. 저항의 방향은 중요하지 않다.

다음의 조립 단계를 그림 15-7에서 보여주고 있다.

먼저 3904 트랜지스터를 그림 15-7에 보이는 것과 같이 기판의 머리 쪽에 납땜하자.

이제 1381과 2906 트랜지스터를 기판의 양쪽에 아래를 향하도록 납땜하자. 이 또한 그림 15-7에 나타나 있다.

마지막으로 모터 장착에 사용할 작은 퓨즈 클립을 기판의 바닥에 납땜하자. 참고로 퓨즈 클립에는 끼우는 부분이 있어 모터가 빠져 나오는 것을 막아준다. 방향을 정확히 맞추었는지 확인하도록 하자.

이제 작은 고효율 모터를 퓨즈 클립에 그림 15-8에 보이는 것처럼 끼우도록 하자.

앞에 바퀴를 추가하는 것은 축에 바퀴를 밀어 넣은 후, 작은 검은 플라스틱 클립을 그 위에 끼우면 바퀴가 미끄러져 빠져 나오는 것을 막을 수 있다. 이제 매우 정교하고 조심해서 다루어야 할 모터의 전선 부분이다. 빨간 전선은 PCB 기판에 있는 구멍에 납땜을 하여야 하고 파란 전선은 그림 15-9와 같이 퓨즈 클립 근처에 있는 구멍에 납땜하여야 한다.

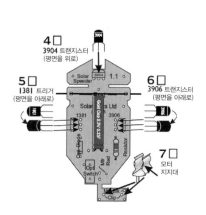

그림 15-7 2단계 - 솔라롤러의 조립. 솔라보틱사의 양해 하에 게재.

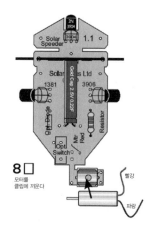

그림 15-8 3단계 - 솔라롤러의 조립. 솔라보틱사의 양해 하에 게재.

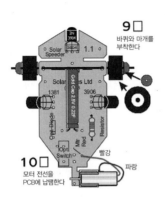

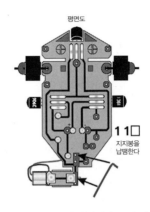

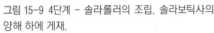

그림 15-9 4단계 – 솔라롤러의 조립. 솔라보틱스사의 양해 하에 게재.

그림 15-10 5단계 – 솔라롤러의 조립. 솔라보틱스사의 양해 하에 게재.

다음으로는 짧고 굵은 구리 선을 이용할 것인데, 하여 구리 선으로부터 피복부분을 벗겨내자 (나중에 필요하니 벗겨낸 피복부분을 잘 보관하자!). 전선의 한쪽은 구부려서 모터 클립 근처의 구멍에 납땜하고, 반대쪽은 기계적인 강도를 줄 수 있도록 모터 클립에 납땜하도록 하자 (그림 15-10).

다음은 벗겨낸 피복 부분을 모터 축에 끼우도록 하자. 다음은 바퀴를 피복 위에 끼우도록 하자 (그림 15-11).

다음 단계는 정말 간단하다. 솔라롤러의 앞 부분에 있는 축을 다듬도록 하자 (그림 15-12).

이제 그림 15-13과 같이 태양전지 셀의 뒷면의 패드에 땜납을 입힌다 (그림 15-13).

주석이 입혀진 패드에 전선을 납땜한 후, 변형에 의한 응력을 완화하도록 납땜하여 연결한 부위로부터 조금 떨어진 곳의 전선을 접착제로 살짝 붙인다 (그림 15-14).

이제 그림 15-15와 같이 PCB 기판의 연결부위에 태양전지를 납땜한다 (그림 15-15).

태양전지 셀을 빛에 노출시키고 태양전지 자동차가 작동하는지 보도록 하자. 태양전지 자동차가 작동하는 것을 확인하였다면, 태양전지 셀을 자동차에 고정하도록 하자.

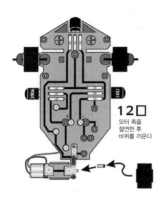

그림 15-11 6단계 – 솔라롤러의 조립. 솔라보틱사의 양해 하에 게재.

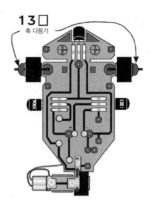

그림 15-12 7단계 – 솔라롤러의 조립. 솔라보틱사의 양해 하에 게재.

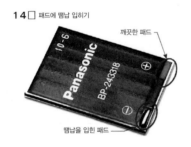

그림 15-13 8단계 – 솔라롤러의 조립. 솔라보틱사의 양해 하에 게재.

그림 15-14 9단계 – 솔라롤러의 조립. 솔라보틱사의 양해 하에 게재.

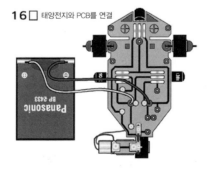

그림 15-15 10단계 – 솔라롤러의 조립. 솔라보틱사의 양해 하에 게재.

PROJECT 40

태양전지 자동차 경주

준비물

- 초시계 또는
- Lab timer 200 프로그램과 컴퓨터
- 태양전지 자동차 몇 대

좋다, World Solar Challenge와 North American Solar Challenge에는 미치지 못하지만 나만의 태양전지 자동차 경주를 할 만하지 않은가?

무료로 배포되는 실험실용 타이머 소프트웨어는 태양전지 자동차를 이용하여 단순히 초시계로 시간을 측정하는 것 이상의 하이테크의 대안을 제공할 수 있다. 이 소프트웨어는 자동차가 결승선을 넘는 것을 감지하는 센서를 컴퓨터 인터페이스로 제작할 수 있는 설계도와 함께 제공된다.

아마도 여러분의 차를 색다르게 보이게 하는 것을 원할 수도 있을 것이다. 그림과 그래픽을 이용하여 제작하면 다양한 자동차를 만들 수 있을 것이다!

조언

실험실용 타이머 소프트웨어는 다음 사이트에서 다운 받을 수 있다.

- www.gregorybraun.com/LapTimer.html

PROJECT 41

태양전지 자동차의 개량

태양전지 셀에 더 많은 빛을 공급할 수 있도록 주석 막이나 마일러 반사막을 이용하여 태양광을 집광하는 방법을 생각해 보자.

다른 형태의 타이어를 이용한 실험. 다른 모델의 자동차에서 구한 타이어가 더 우수한 성능을 발휘할 수도 있을 것이다.

앞의 바퀴를 잘 미끄러지는 것으로 교체해 보자. 솔라롤러의 마찰을 줄이는 방법을 생각해 보자. 하지만 마찰력을 줄이면 조정 능력이 떨어지고 직선으로 갈 수 있는 능력도 떨어진다!

2.2 kΩ 저항을 변화시킬 수 있으며, 이는 태양전지 엔진의 효율을 변화시킬 것이다. 높은 저항값은 태양 엔진의 효율을 높이지만 충전하는 시간은 늘어날 것이다. 낮은 저항값은 모터가 작동하는 횟수를 높이지만 효율이 낮아진다.

PROJECT 42

태양전지 자동차 과충전하기

충전에 대해 조금 더 자세히 알아보자. 회로에 다이오드를 추가하면 정상적으로 충전하는 것보다 태양전지 자동차를 더 많이 충전할 수 있으며, 이를 위해서는 다이오드나 LED를 사용할 수 있다.

작업을 위해서는 우선 15-16처럼 PCB 기판을 자른다.

다음은 다이오드를 15-17처럼 납땜을 한다. 이 때, 다이오드 또는 LED를 극성에 맞게 제대로 연결하도록 주의하자.

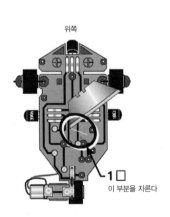

그림 15-16 PCB 기판 자르기. 솔라보틱스사의 양해 하에 게재.

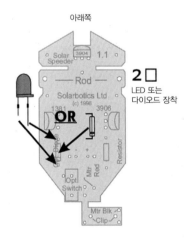

그림 15-17 다이오드 추가하기. 솔라보틱스사의 양해 하에 게재.

그림 15-18 혼다의 연료전지 자동차. 혼다의 양해 하에 게재.

연료전지 자동차

17장에서는 수소 연료전지에 대해서 알아보게 될 것이다. 수소는 우주에서 가장 풍부한 원소이지만, 채굴해서 얻는 것처럼 손쉽게 이용할 수 있는 연료는 아니다.

그렇지만, 우리 주변에는 엄청난 양의 물, 즉 H_2O가 존재하며, 여기에서 각각의 산소는 두 개의 수소와 결합하고 있다.

17장에서 보게 되겠지만, 물에 전기를 흘려주면 상대적으로 쉽게 물로부터 수소를 분리할 수 있다. 수소를 만드는 다른 방법들도 많이 있지만, 제조 방법과는 무관하게 수소는 그림 15-18에 있는 혼다 FCX와 같은 연료전지 자동차의 연료로 사용될 수 있다.

태양에너지 비행

그림 15-19에서 15-21은 태양에너지 비행기의 예를 보여주고 있다. 그림 15-22는 신재생에너지로 비행하는 헬리오스에 장착한 재생형 연료전지 시스템을 보여주고 있다.

그림 15-19 센추리온 태양에너지 비행기. 나사의 양해 하에 게재.

그림 15-20 헬리오스 태양에너지 비행기. 나사의 양해 하에 게재.

그림 15-21 헬리오스 2 태양에너지 비행기. 나사의 양해 하에 게재.

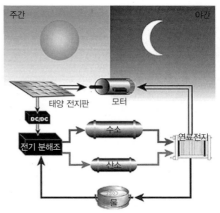

그림 15-22 헬리오스에 사용된 연료전지 시스템. 나사의 양해 하에 게재.

PROJECT 43

나만의 태양에너지 비행선 만들기

준비물

- 태양에너지 비행선용 튜브 (얇은 플라스틱 튜브 8 m)

- 케이블 타이 2개

- 밧줄 50 m

이 프로젝트는 이 책에서 우스울 정도로 간단한 내용 중의 하나이지만, 우리가 일 반적으로 가지고 있는 직관과는 전혀 다른 결과를 가장 잘 보여주는 예이다.

아마도 여러분은 무엇인가를 하늘에 올리고자 하면 매우 정교한 제트엔진이나 로켓 추진기가 필요하다고 오해하고 있을 것이다. 나의 다른 책인 50 Model Rocket Projects for the Evil Genius의 'Intentional Plug' 부분을 읽어보면 모든 로켓 모터와 이 들의 작동에 대해 잘 이해할 수 있을 것이다. 하지만 어떤 물체를 날게 하는 훨씬 더 간단한 방법들이 있으며, 믿거나 말거나 이것들은 태양에너지와 관련이 있다!

태양에너지 비행선을 띄우기 위한 순서는 간단 그 자체이다. 긴 플라스틱 튜브를 준 비하자. 한 쪽 끝을 케이블 타이로 묶은 후, 열린 다른 쪽을 잡고 튜브에 공기가 가 득 차게 잡는다. 가능한 한 공기를 가득 채운 후, 끝을 위로 올리고 다른 케이블 타 이로 묶도록 하자. 밧줄을 두 개의 케이블 타이 중 하나와 연결하도록 하자.

이제 태양에너지 비행선을 태양 빛이 비치는 곳에 두고 무슨 일이 생기는지 살펴보자.

주목

8 m의 길이를 가지는 거대한 크기의 비행선을 만들고자 한다면, 이 프로젝트를 위해 키트를 사는데 비용을 지불할 만한 가치가 있다. 하지만 값이 싼 검은 플라스틱 봉투로도 좋은 결과를 얻을 수 있다. 왜 싸다는 말을 할까? 싼 봉투는 더 얇은 플라스틱으로 만들어져 있어 품고 있는 공기의 양에 비하면 매우 가볍다. 또한 한 쪽은 이미 막혀 있어서 묶을 필요가 없으며, 밧줄용으로도 가는 낚싯줄 정도면 충분하다.

태양에너지 비행선이 천천히 움직이기 시작하다가, 공중으로 떠 오르는 것을 보게 될 것이다. 밧줄을 꼭 잡도록 하자. 그렇지 않으면 멀리로 날아가 버릴 것이다 (그림 15-23).

태양에너지 비행선이 공중으로 올라간 후, 비행선에 무슨 일이 일어날지 생각해 보자.

뜨거운 공기 풍선을 보면, 탄화수소로 된 가스연료의 연소에 의해 상승하게 된다. 하지만 실제로 일어난 일은 가스가 풍선 안에 있는 공기를 가열한 것이다. 이처럼 공기가 뜨거워지게 되면 밀도가 낮아지고, 밀도가 높은 공기의 위로 떠 오르게 된다. 이것이 태양에너지 비행선이 뜨는 원리이다. 정말 단순하지 않은가!

그림 15-23 태양에너지 비행선.

SOLAR ENERGY PROJECTS

CHAPTER 16

태양에너지 로봇?

PROJECT 44 : 포토팝퍼 포토보어의 조립

이 장을 준비하는데 도움을 준 Solarbotics사의 데이브 흐린키브씨에게 감사를 드린다.

지난 세기 동안, 인류는 끊임 없이 자동화와 편리함을 추구해 왔다. 산업혁명 이후 사람이 해야 할 일들을 자동화 기기와 로봇을 활용하여 수행함으로써 효율성이 지속적으로 증가하였다.

결과적으로, 우리는 우리 자신이 해야 할 일들을 기계에게 내어주었으며, 현대 사회는 지속적인 개발과 성장을 위해 이러한 장비들에 의존하게 되었다.

이는 우리에게 딜레마를 안겨 주고 있다.

산업혁명의 기계화와 자동화는 석탄에 의해 촉진되었다. 최근에는 석유, 천연가스와 다른 화석연료가 이의 주축이 되는 원동력이 되고 있다. 자동화는 사람의 노동력을 더 적게 요구하지만, 그 만큼의 에너지를 대가로 요구한다.

따라서 우리는 과거에는 충분했던 화석 연료에 종속되게 되었고, 화석 연료가 없다면 많은 변화가 생길 수 있는 세상에 살게 되었다.

에너지와 로봇 분야에서는 만일 우리가 알고 있는 한계를 벗어나는 미지의 세계나 다른 행성 (그림 16-1)을 탐험하기 위해서는 (또는 집 근처에서부터 바다와 같은 접근이 어려운 동떨어진 곳), 이렇게 탐험하고자 하는 먼 거리까지 에너지를 공급해야만 한다. 이는 기존의 방법으로는 어려울 것이다.

그림 16-1 화성탐사선 스피릿 로버. 나사의 양해 하에 게제.

화성에 보낸 스피릿 로버는 140 W 태양전지 판을 장착하고 있다.

가정에 로봇이 적용되는 경우가 점점 증가하고 있다. 룸바와 스쿠바는 손쉽게 구할 수 있는 대표적인 가정용 로봇 형태의 전자제품이다. 하지만 현재로는 이런 서비스 로봇은 투박한 재충전 장소가 필요하다. 만일 가정용 로봇이 창문을 통해 들어오는 햇빛이나 방의 조명에 의해 전력을 얻어 마음대로 돌아다닐 수 있다면 어떻겠는가?

BEAM 로봇

BEAM (생물학, 전자학, 미용학, 기계학) 로봇은 기존의 로봇과는 한 가지 중요한 측면에서 다르다. 기존의 로봇은 로봇의 행동을 통제하기 위해서 중앙 프로세서가 적용되지만 BEAM 로봇은 다른 방식으로 접근한다. 로봇의 행동은 정해진 패턴에 대해 상호작용하는 단순한 회로에 의해 통제된다.

 주목

좋은 소식은 위의 것들을 모두 Solarbotics사에서 키트로 제공하고 있다는 것이다. 더 자세한 것은 다음의 홈페이지에서 알아보자.

• http://www.solarbotics.com/

Solarbotics에서 구매할 때, 할인 받을 수 있는 쿠폰이 책 뒤에 제공되어 있다.

포토팝퍼와 포토보어 (Photopopper Photovore)

포토팝퍼와 포토보어는 태양에너지에 의해 힘을 얻는 재빠른 작은 로봇이다. 매우 단순하지만 태양에너지 기기가 자동적으로 기능할 수 있다는 것을 보여주며, 이러한 기능들을 기반으로 하여 더 크고 복잡한 장치를 만들 수 있을 것이다.

포토팝퍼와 포토 보어에서는 그림 16-2와 같은 밀러 엔진 (Miller Engine) 회로 (그림 16-2)를 사용하는데, 태양전지 셀은 콘덴서에 전력을 충전하며, 이 전력으로 필요 시 모터를 돌린다. 사용된 전압 개시 회로는 태양전지 셀이 충분히 콘덴서를 충전하면 모터 회로에 전류가 흐르게 한다. 일단 콘덴서가 일정 수준 이상으로 방전이 되면, 1381 전압 조절기가 모터를 멈추게 하고 콘덴서가 충전되게 한다. 이 회로를 기본 디자인 회로로 사용할 수 있는데, 이 로봇을 위한 부품은 Solarbotics에서 키트로 구입할 수 있다 (부록의 판매처 목록 참조).

포토팝퍼의 거동

간단하지만 위의 회로를 서로 연결하여 몇 개의 즉각적인 행동을 알수 있다.

첫 번째로 빛을 찾는 행동이다. 이를 통해 포토팝퍼는 빛을 찾아갈 것이며, 가능한 한 음지를 피할 것이다. 이러한 행동은 그레이 월터의 거북에서도 보여주는데, 초기의 로봇에서 제한된 수의 연결을 통해 더욱 복잡한 행동을 일으킬 수 있다는 것을 증명하였다.

로봇이 빛이 있는 방향으로 움직이는 것을 볼 수 있다 (그림 16-3).

동물의 왕국의 기계로봇 비스티를 연관지어 생각해 보면, 빛은 우리가 만든 로봇의 음식이다. 자연계의 동물의 본능은 살아남기 위해서 음식이 있는 곳으로 가는 것이며, 이 로봇은 이러한 특징적 행동을 나타낸다. 로봇이 나타내는 또 다른 행동은 장애물을 피하는 행동으로 그림 16-4에 보여 주듯이 털과 같은 촉각 센서를 이용하여 장애물로부터 가능한 한 멀리하고자 한다. 다시 동물의 왕국과 관련하여 햄스터나 고양이처럼 민감한 털을 가진 동물들은 장애물을 민감한 털로 감지하여 이러한 장애물을 회피하는 행동을 취한다.

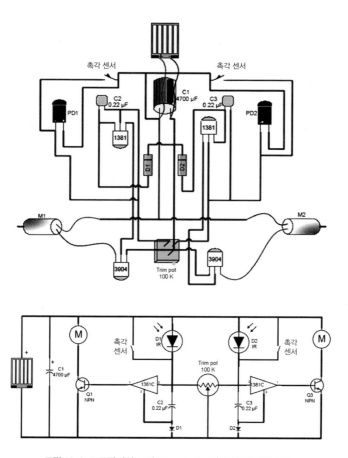

그림 16-2 포토팝퍼의 도면. Solarbotics사의 양해 하에 게재.

이는 정말 멋진 새로운 것이라고 말하겠지만 실제로 어디에 사용할 것인가? 빛과 촉각을 감지하는 것은 어떠한 변수를 감지하는 기관과 유사하다. 벽이나 가구 부분에 닿지 않고 태양 빛이나 방의 전등 빛에 의해 충전이 되는, 방 청소를 하는 후버 로봇을 상상해 보자. 꽃으로 가득한 곳이나 정원 장식품의 경계를 감지하는 잔디 깎는 로봇을 상상해 보자. 매우 간단한 이러한 행동은 더 복잡한 행동을 하는 자동화된 로봇으로 연결할 수 있고, 사람이 하는 단순한 지루한 일을 줄일 수 있으면서도 동시에 소중한 화석연료를 사용하지 않을 수 있다.

정면이 어두우면 빛을 감지할 때까지
왼쪽/오른쪽/왼쪽/오른쪽으로 계속 움직인다

그림 16-3 포토팝퍼의 빛을 찾는 행동. Solarbotics사의 양해 하에 게재.

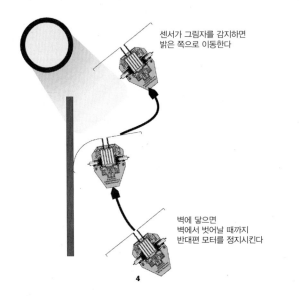

센서가 그림자를 감지하면
밝은 쪽으로 이동한다

벽에 닿으면
벽에서 벗어날 때까지
반대편 모터를 정지시킨다

그림 16-4 포토팝퍼의 방해물 회피 동작. Solarbotics사의 양해 하에 게재.

PROJECT 44

포토팝퍼 포토보어의 조립

이제 포토팝퍼를 위한 부품을 모두 모으도록 하자. 이는 그림 16-5에 나타내었다.

일단 모든 부품을 모았으면, PCB 기판에 2N3906 트랜지스터를 트랜지스터의 둥근 면이 회로판의 곡선 표시와 맞게 납땜을 한다. 트랜지스터는 "Trim Pot"로 표시된 곳 양쪽 옆에 위치한다.

트랜지스터의 납땜에 대한 예를 그림 16-6에 나타내었다.

그림 16-7로 넘어가서, PCB 기판에 추가한 두 개의 트랜지스터 사이에 조절 가능한 전위차계를 납땜한다. 이 회로에서 전위차계는 로봇의 운전대 역할을 하며, 이를 이용하여 로봇이 직선으로 움직이게 수동으로 조절할 수 있다. 로봇은 오직 한 방향으로만 가게 되어 있어 잘못되는 경우가 드물다.

이제 두 개의 다이오드를 설치하자. 유리로 만들어져서 깨지기 쉽기 때문에 매우 조심스럽게 다루어야 한다. 유리 용기에 선이 그려진 것을 주의해서 보자. 다이오드는 극성이 있기 때문에 극성에 맞게 연결하여야 정상적으로 작동한다.

만일 Solarbotics의 PCB 기판을 샀다면 다이오드와 같이 특정한 부품을 납땜할 방향이 기판에 그려진 것을 볼 수 있을 것이다 (그림 16-8).

다음으로 1381 전압 조절기를 기판의 위에 납땜을 하자. 트랜지스터와 같은 방법으로 PCB 기판에 표시된 것과 일치하게 설치하도록 하자. 그림 16-9와 같이 평평한 면이 바른 방향을 가지는지 확인하도록 하자.

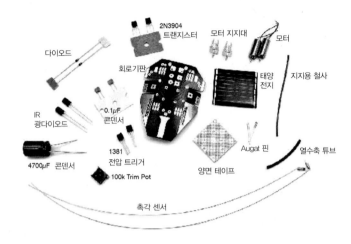

그림 16-5 포토팝퍼 포토보어를 만들기 위해 필요한 부품들.

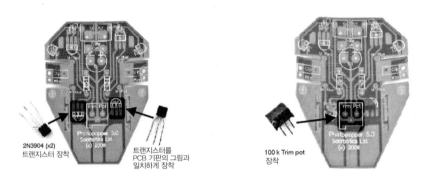

그림 16-6 트랜지스터 - 포토팝퍼 포토보어를 조립하는 첫 번째 과정. Solarbotics사의 양해 하에 게재.

그림 16-7 조절 가능한 전위차계의 설치. Solarbotics사의 양해 하에 게재.

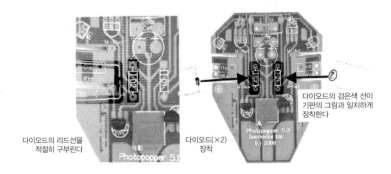

그림 16-8 다이오드의 조립. Solarbotics사의 양해 하에 게재.

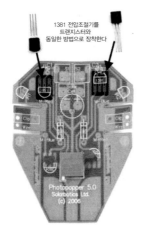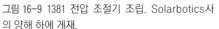

그림 16-9 1381 전압 조절기 조립. Solarbotics사의 양해 하에 게재.

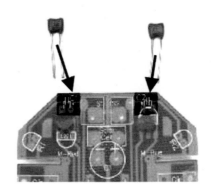

그림 16-10 두 개의 콘덴서 조립. Solarbotics사의 양해 하에 게재.

회로 보드의 윗부분에 두 개의 콘덴서를 납땜해야 하는데, 이들은 전해질 콘덴서가 아니라서 두 구멍의 어느 방향으로 납땜을 하건 상관이 없다. 만일 콘덴서를 설치하는데 어려움이 있으면 그림 16-10을 참조하자.

이제 두 개의 광학 센서를 납땜하여 감지 요소 (굴곡진 면)가 그림 16-11처럼 앞으로 향하도록 한다. 광학 센서는 얼마나 많은 빛이 다이오드에 오느냐에 따라 콘덴서에 흐르는 전력의 변화를 줄 수 있는 광다이오드이다.

이제 그림 16-12처럼 4700 μF 콘덴서를 설치하고자 한다. 전에 설치한 두 개의 작은 콘덴서와는 달리 이것은 전해콘덴서로 극성에 민감하므로 올바른 방향으로 설치하였는지 확인해야 한다. 이 콘덴서는 (-) 표시를 가지는 밝은 파란 색의 선으로 음극을 표시하고 있다. PCB 기판에도 음극 표시가 되어 있으니, 이 두 개가 일치하도록 배선하면 된다. 또한 콘덴서는 회로 기판에 대해 수평이 되게 놓여야 하는데, 일단 어느 방향으로 콘덴서가 가야 하는지 결정하였으면 콘덴서 다리를 90도로 구부리면 된다.

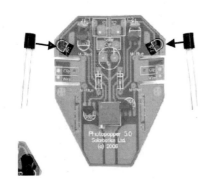

그림 16-11 광다이오드 조립. Solarbotics사의 양해 하에 게재.

그림 16-12 전해콘덴서 조립. Solarbotics사의 양해 하에 게재.

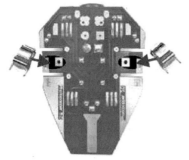

모터지지대를 탭이 안쪽이 되도록 기판 위에 설치

그림 16-13 PCB 기판에 모터 클립을 납땜. Solarbotics사의 양해 하에 게재.

그림 16-14 설치된 모터 지지대. Solarbotics사의 양해 하에 게재.

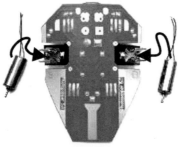

모터 뒤쪽을 잡고 모터지지대의 클립에 끼운다

그림 16-15 모터를 제 위치에 설치. Solarbotics사의 양해 하에 게재.

다음 단계는 로봇을 움직이게 할 작은 모터를 설치하는 것이다. 이는 그림 16-13에 나와 있다. 이 모터를 지지하는 것은 퓨즈 클립이다. 휠 수 있는 회로 보드의 옆에 나와 있는 두 개의 작은 면에 납땜을 하도록 하자. 이는 조금 복잡한데 핀이 돌출한 회로 보드의 다른 방향에서 납땜하기보다는 그림 16-14와 같이 같은 방향에서 납땜을 한다. 이는 조금 어려울 것이다.

어떤 퓨즈 클립은 퓨즈를 유지하기 위하여 금속 스프링에 있는 작은 돌출부가 몰드된 형태로 나온다. 이러한 형태의 퓨즈 클립을 샀다면, PCB 기판의 중심선 옆에 퓨즈 클립을 납땜해 넣어야 한다. 이렇게 하지 않으면 작은 돌출부가 모터가 바르게 자리잡는 것을 방해하기 때문에 모터를 안전하게 설치하기 힘들다.

지금쯤 PCB 기판이 조금 휜 것을 알게 되었을 것이며, 이렇게 되어 있어야만 한다. 하지만 휜 것을 잘 유지하도록 지지하기 위해서 지지용 철사를 납땜하여 넣을 필요가 있다. 딱딱한 전선 조각의 한 쪽의 피복을 제거하고 모터 클립 가까이에 있는 "wire"라고 쓰여 있는 구멍에 납땜을 한다. 이제 철사를 다른 모터 클립 쪽으로 끌어 당겨서 그 끝에 있는 절연체를 벗겨내고 이 쪽의 구멍에 납땜을 한다.

일단 모터 클립이 제자리에 부착되었으면 (식을 때까지 기다려야 한다) 그림 16-15와 같이 작은 모터가 필요하게 될 것이다. 모터를 Solarbotics에서 구입했다면 적색과 청색의 전선이 있을 것이다. 모터를 납땜할 때, 올바른 극성으로 연결하는 것이 중요하며 실수를 하게 되면 포토팝퍼가 잘못 작동할 것이다.

Solarbotics에서 제공하는 PCB 기판은 확실하게 회로 보드에 M-Blue과 M-Red로 표시되어 있다. 모터를 납땜할 때는 모터의 절연이 납땜 인두에 의해서 쉽게 망가질 수 있으니 조심하도록 하자.

또한 모터에 연결된 전선의 피복을 벗겨낼 때는 모터와 전선 사이의 연결부분이 쉽게 끊어질 수 있으니, 대단히 조심해야 한다. 이 부분이 망가진 것을 고치는 것은 매우 어렵다!

다음은 로봇의 전원인 태양전지 셀과 연결하는 것이다. 우선 납땜 인두와 태양전지 셀을 준비하자. 그리고 짧은 길이의 전선을 태양전지 패드에 납땜을 하자. 여기서 전선과 조심스럽게 납땜한 연결부위와의 응력을 줄이기 위해서 접착제나 에폭시로 납땜을 안 한 태양전지 셀 부분에 (예로 태양전지 패드 사이) 전선을 붙이는 것이 좋다.

태양전지 셀의 한 패드는 둥글고 다른 곳은 네모진 것을 볼 수 있을 것이다. 둥근 곳은 양극이고 네모진 곳은 음극이다. 따라서 검은 색은 네모난 곳에 적색은 둥근 곳에 납땜해야 한다 (그림 16-16 참조).

그리고 나서 그림 16-17과 같이 극성을 확인한 후, PCB 기판에 납땜하자. PCB 기판에서도 둥근 곳은 양극이고 네모난 곳은 음극이다.

이것이야말로 프랑켄슈타인이 괴물을 창조한 순간일 것이다. 로봇은 꿈틀거리면서 빛에 반응하기 시작할 것이다! 회로가 완성되었으니, 콘덴서가 충전이 되면 모터가 윙윙거리기 시작할 것이다!

이제 그림 16-18과 같이 양면 테이프를 이용하여 태양전지 셀을 PCB 기판에 붙이도록 하자.

이제 10 mm의 짧은 열수축 튜브를 모터의 작은 한쪽 축에 끼우자. 라이터나 성냥으로 열수축 튜브를 가열하여 축에 수축되어 붙도록 하자.

이제 아주 까다로운 정밀 조정을 할 차례이다. 중간 과정에 설치하였던 작은 조절 가능한 전위차계가 있는데, 이것을 포토팝퍼의 수동 운전대라고 생각하면 된다.

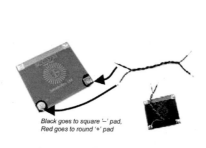

Black goes to square '⌐' pad,
Red goes to round '+' pad

Solder the black wire to the Photopopper square pad,
and the red wire to the Photopopper round pad

그림 16-16 태양전지 셀의 배선. Solarbotics사의 양해 하에 게재.

그림 16-17 태양전지 셀을 PCB 기판에 배선. So-larbotics사의 양해 하에 게재.

양면테이프의 한쪽을 벗기고
반으로 접는다.

양면테이프 나머지 쪽을 절반만 벗겨서
태양전지 뒤쪽에 붙인다.

그림 16-18 태양전지의 부착. Solarbotics사의 양해 하에 게재.

이 Trim Pot이 하는 일은 왼쪽이나 오른쪽으로 방향을 바꾸는 역할을 한다. 따라서 로봇이 직진 방향으로부터 벗어나는 변수를 보정하는데 사용할 수 있다.

작은 시계 드라이버를 이용하여 이 Trim Pot을 조정할 수 있다. 나사를 최소한 20회 정도 왼쪽으로 돌리면, 왼쪽의 모터만 움직이는 것을 발견할 것이다. 이제 나사를 반대 방향으로 돌리자. 그러면 다른 모터가 움직이기 시작할 것이다. 만일 로봇이 지속적으로 한 방향으로 움직인다면, 더 많은 힘이 요구되는 방향으로 Trim Pot을 돌리도록 하자.

이제 로봇의 촉감 센서를 장착할 차례이다. 작은 Augat 소켓에 7 mm의 열수축 튜브를 끼운 후 수축시키자. 이제 소켓의 목 부분 아래에 있는 튜브만 남기고, 나머지는 잘라내도록 하자. 스프링을 조금 늘려서 Augat 소켓을 스프링의 가운데로 밀어 넣자. 스프링과 소켓을 연결하는 과정을 그림 16-19에 나타냈다.

일단 이 단계를 완성하면 기판에 납땜을 하여야 할 것이다. 그림 16-20과 같이 핀을 앞으로 향하게 하고, 스프링 전선은 가까운 패드에 납땜하도록 하자.

이제 전선을 다른 방향으로 구부릴 수도 있으며, 전선을 다른 형태로 만들어 어떻게 감지하는지를 실험할 수도 있다. 전선을 다른 위치에 놓으면, 로봇 앞의 다른 지역을 감지하게 될 것이다. 어떤 구조에서 로봇이 가장 효과적으로 감지하는지를 실험해 보도록 하자.

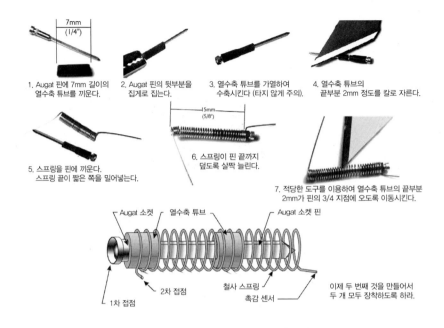

1. Augat 핀에 7mm 길이의
   열수축 튜브를 끼운다.

2. Augat 핀의 뒷부분을
   집게로 집는다.

3. 열수축 튜브를 가열하여
   수축시킨다 (타지 않게 주의).

4. 열수축 튜브의
   끝부분 2mm 정도를 칼로 자른다.

5. 스프링을 핀에 끼운다.
   스프링 끝이 짧은 쪽을 밀어넣는다.

6. 스프링이 핀 끝까지
   덮도록 살짝 늘린다.

7. 적당한 도구를 이용하여 열수축 튜브의 끝부분
   2mm가 핀의 3/4 지점에 오도록 이동시킨다.

Augat 소켓   열수축 튜브   Augat 소켓 핀

1차 접점   2차 접점   철사 스프링   촉감 센서

이제 두 번째 것을 만들어서
두 개 모두 장착하도록 하라.

그림 16-19 스프링/소켓 부분의 조립. Solarbotics사의 양해 하에 게재

🗨 나만의 태양전지 로봇 만들기

이러한 간단한 원리를 이용하면, 여러분은 나만의 태양전지 로봇을 만들 수 있을 것이다. 디자인의 핵심은 태양전지 모터의 회로와 수많은 작고 단순한 신경 회로와의 연결이다.

 Tip

더 깊이 알고 싶다면

만일에 BEAM 로봇에 대해 더 많은 것을 알고자 한다면, 다음의 책을 권한다.
Junkbots, Bugbots & Bots on Wheels, Dave Hrynkiw and Mark Tilden, McGraw-Hill.

*Arrange sensor so the pin head is on the big pad,
and the sensor spring stub goes to the small stub*

Finished sensor spring installation

그림 16-20 촉감 센서를 PCB 기파에 부착. Solarbotics사의 양해 하에 게재.

그림 16-21 고효율의 태양전지용 모터.

그림 16-22 많은 전기 장치들이 소형 모터를 사용하고 있다!

그림 16-21과 같이 효율이 좋은 모터를 사면 적당한 태양전지 셀을 사용해도 최상의 성능을 얻을 수 있을 것이다.

오래된 전기 장치를 분해해 보면 작은 모터를 많이 발견할 수 있을 것이다! 집에 있는 건전지나 낮은 전압으로 구동되는 모터를 가진 전기 장치를 찾아보자. 아마 이들 모터는 태양전지 셀로도 구동될 수 있을 것이다. 그림 16-22와 같은 테이프 덱을 가진 장치 즉 워크맨, 음성녹음기, 응답 기계 등은 다양한 작은 모터를 갖고 있다.

CHAPTER **17**

태양광 수소
파트너십

ABI (Allied Business Market)사의 고참 분석가인 케이 아타칸 오즈백은 "연료전지 기술은 모든 에너지 시장에 있어서 가장 큰 영향을 끼칠 기술이다."라고 말한 바 있다.

우리가 당면한 신재생에너지의 문제 중 하나는 지속적인 발전이 아니고, 간헐적인 발전이라는 것이다. 석탄, 천연가스, 석유의 경우에는 우리가 공정에 투입하는 연료의 양만큼 발전이 되지만, 신재생에너지의 경우는 날씨에 따라 발전량이 변화하게 된다.

이러한 간헐적인 발전은 우리에게 제약이 되며, 이는 에너지의 사용이 가능할 때, 에너지를 사용하도록 우리의 에너지 수요를 맞추어야 한다는 것을 뜻한다. 어떤 경우에는 이러한 접근방법이 현실적이지만, 대부분의 경우에 우리는 긴급하게 에너지를 필요로 한다.

우리는 이러한 에너지 공급의 문제를 여러 가지 방법으로 해결할 수 있는데, 하나는 국가적인 규모의 거대한 전력망에 신재생에너지를 연결하는 것이다. 이는 완전한 해결책은 아니지만 아주 유용하며, 어떤 지역에 구름이 끼었더라도 다른 지역에는 해가 비칠 수 있어 평균적인 에너지 수급이 가능할 수 있다. 하지만 장거리의 송전 과정에서 전력손실이 발생하는 것이 수반되며, 결과적으로는 사용할 수 있는 에너지의 양이 줄게 된다.

그렇다면, 어떻게 해야 하는가? 에너지를 저장하는 것도 좋은 방법 중의 하나이다. 하지만 현재의 이차전지 기술은 상당히 무거우며, 비효율적이고, 가격이 비싸 실제로 작용하기에는 어려움이 많다.

자, 이제 연료전지를 검토해 보자.

연료전지와 수소경제는 당면한 에너지 위기를 해결할 대안으로 제시되고 있다.

수소경제는 화석연료와 같은 탄소계 연료로부터, 수소계 연료로 전이되는 것을 뜻하며, 수소 저장 매체로는 메탄올과 같은 물질이 검토되고 있다.

전기는 신재생에너지로부터 얻어질 수 있으며, 이러한 신재생에너지에는 풍력, 태양광, 파력, 조력 등의 다양한 방법들이 있다.

수소경제의 장점은?

수소경제는 경제와 환경적 측면에서 다양한 장점을 가지고 있다. 먼저 환경적 측면을 보면, 수소를 연소시키면 이산화탄소는 전혀 발생하지 않고 물만이 발생한다. 알다시피 탄소계 연료를 태울 때 발생하는 이산화탄소는 지구온난화의 주범이다. 수소 연소 시에는 질소산화물이나, 황산화물과 같은 유독성 가스의 방출도 전혀 없다.

경제적인 측면을 보면, 미국을 포함한 다른 많은 국가들은 스스로의 에너지 수요를 충족시킬만한 석유를 생산하지 못하고 있다. 따라서 이들 국가들은 중동이나 다른 산유국에 대한 경제적 의존도가 높은데, 이러한 상황은 어떠한 국가도 원하지 않는다.

석유의 중요성 때문에, 어떤 국가는 석유의 안정적인 공급선을 확보하기 위해 사용 가능한 모든 수단을 동원하기도 하며, 심지어는 전쟁이 일어날 경우도 생길 수 있다.

이와는 대조적으로 수소는 특정한 지역에서만 생산되지 않는다. 가장 기본적인 자원인 전력과 물만 있으면 수소는 어느 지역에서든지 생산할 수 있는 것이다.

수소경제의 가장 큰 장점 중의 하나는 분산형으로 매우 잘 작동한다는 것이다. 분산형과 분산발전을 쉬운 이야기로 하면, "계란을 한 바구니에 담지 말라"는 경제학의 격언과 유사하다. 부연 설명하면, 현재는 대형 발전소에서 중앙집중형으로 전력을 생산하고 전력망을 통해 전기를 공급하고 있다. 이러한 방식은 아직까지는 에너지 밀도가 높은 연료들이 충분히 공급될 수 있으므로 가능한 발전방식이다.

이제 오염된 대기와 원자력 폐기물이 쌓여가는 세계를 직시하도록 하자. 우리는 이러한 기존의 발전 방식 대신에 분산형 발전을 사용할 수 있으며, 이에는 지붕에서의 태양광 발전, 이곳 저곳에서의 풍력 발전 등이 있다. 이러한 신재생에너지 발전을 마을과 도시에 분산하여 가동하면, 수요처 바로 곁에서의 발전을 통해 전력을 효율적으로 공급하는 것이 가능할 것이다.

💬 어떻게 연료전지는 미래의 우리생활에 파고 들 것인가?

지금 이차전지가 사용되는 모든 곳에서 연료전지를 볼 수 있게 될 것이다. 연료전지를 사용하면 일반 이차전지를 사용할 때보다 노트북의 사용시간을 몇 배나 길게 할 수 있으며, 휴대폰의 사용시간도 비약적으로 늘어나게 할 수 있다. 또한 연료전지 자동차를 운전할 경우에는 물을 제외하고 어떠한 유해물질도 배출하지 않는다.

포드사의 회장인 윌리엄 포드는 2000년 1월 국제 오토쇼에서 다음과 같이 발언하였다. "나는 개인용 이동수단을 100년간 주도해 온 내연기관의 위치를 언젠가는 연료전지가 대체할 것이라고 믿는다. 이미 변화는 시작되고 있다. 소비자는 더욱 효율적이고 친환경적인 에너지원을 가지게 될 것이며, 자동차 제조회사는 성장을 위한 새로운 사업 기회를 맞게 될 것이다."

또한 혼다 자동차 연구소의 부장인 다케오 후쿠이는 1999년 6월 5일자 블룸버그 뉴스와의 인터뷰에서 다음과 같이 말하였다. "연료전지 자동차는 20~30년 후에는 지금의 휘발유 자동차를 능가하게 될 것이다."

💬 연료전지는 한 가지 종류만 있는가?

물론 아니다. 연료전지는 그 종류가 매우 다양하다! 각각의 연료전지는 적절한 용도가 있으며, 크게 보면 고온형과 저온형의 두 가지로 나누어 질 수 있다.

그림 17-1은 다양한 연료전지의 종류와 이들 연료전지들의 연구에 투자되는 금액의 비율을 보여주고 있다.

이 장에서는 저온형 연료전지인 고분자전해질 연료전지에 대해 실험하고자 한다. 고분자전해질 연료전지는 약자로 PEMFC라고 부르며, 이는 Polymer Electrolyte Membrane Fuel Cell 또는 Proton Exchange Membrane Fuel Cell의 약자이다.

💬 연료전지는 무엇으로 만들어져 있는가?

연료전지를 분해해 보면, 그 구조가 매우 간단함을 알 수 있다. 연료전지의 구성부품은 그림 17-2에 나타내었다.

연료전지는 두 개의 끝판을 가지고 있는데, 이는 연료전지의 구성부품들을 최종적으로 함께 조이는데 사용된다. 그 외에도 경우에 따라서는 외부에서 연료전지로 수소와 공기를 공급하는 배관의 연결부위의 역할도 한다.

다음은 전극이다. 이는 전력을 외부로 뽑아내는 역할을 하는 부품이며, 보통 부식에 강한 스테인리스 철판으로 만들어져 있다. 이 전극은 주변의 화학물질과 반응하지 않아야 하며, 이 전극에는 구멍이나 홈이 파져 있어서 외부에서 수소 또는 공기를 안쪽으로 공급할 수 있어야 한다.

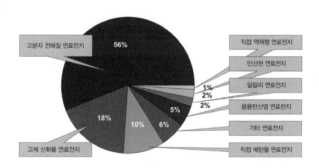

그림 17-1 연료전지 종류에 따른 연구비 투자액 비율.

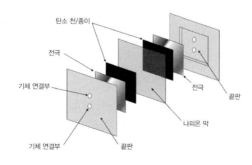

그림 17-2 연료전지의 구조.

다음에 있는 것은 탄소천 또는 탄소종이와 나피온 전해질막이 결합된 것인데, 이를 막전극 접합체 (MEA, Membrane Electrode Assembly)라고 한다. 이 부분은 실제로 전기화학 반응이 일어나고, 전력이 생산되는 곳이다.

전극 바로 다음은 탄소천 또는 탄소종이인데, 이를 통해서는 나피온 표면의 전극촉매층까지 기체가 투과될 수 있어야 한다. 이 탄소천 또는 종이의 한 쪽 면은 나피온 전해질막과 접해 있는데, 이 두 면의 사이에는 백금촉매로 이루어진 얇은 전극촉매층이 코팅되어 있다.

탄소천 또는 탄소종이의 다음은 나피온 전해질막인데, 이는 보다 자세한 설명이 필요하다.

나피온을 화학적으로 표현하면, 술폰화 사불화에틸렌 공중합체 (Sulfonated tetra-fluoroethylene copolymer)이다. 더 자세한 내용을 알고 싶은가? 나피온은 1960년대에 듀폰사에서 개발된 플라스틱으로서, 이는 고분자전해질 연료전지의 핵심부품으로 동작할 수 있는 매우 특별한 기능을 가지고 있다. 나피온은 수소이온은 통과시키면서 전자는 통과시키지 않는다. 탄소천 위의 백금 전극촉매층에서는 수소를 수소이온과 전자로 분해하는 반응이 일어나는데, 나피온 전해질막의 특성 때문에 수소이온은 나피온을 통해 반대쪽 전극으로 전달되고, 전자는 외부의 전기회로를 통해 반대쪽 전극으로 전달되게 된다.

탄소천은 전도체로 작용하여 전자를 스테인리스 철판으로 된 전극에 전달하고, 이 전극은 외부의 전기회로에 전자를 전달한다. 외부의 전기회로에 전달된 전자는 우리에게 유용한 전기적인 일을 하고, 반대쪽 전극으로 전달된다.

나피온 전해질막의 반대쪽은 정확히 대칭되는 구조를 가지고 있으며, 백금 전극촉매층, 탄소천 또는 탄소종이, 전극, 끝판으로 구성되어 있다.

반대쪽의 백금 전극촉매층에서는 전해질막을 통해 전달된 수소이온, 외부의 전기회로를 통해 전달된 전자, 그리고 산소가 결합하여 물이 생성되는 반응이 일어난다.

우리는 이러한 과정을 직접 상세히 살펴볼 것이다. 자, 먼저 수소를 만들어보자!

PROJECT 45

태양에너지를 이용한 수소의 생산

준비물

- 재생형 고분자전해질 연료전지 (PEM reversible fuel cell) (Fuel Cell Store P/N: 632000)

- 태양전지 (Fuel Cell Store P/N: 621500)

- 기체 저장 용기 2개 (Fuel Cell Store P/N: 560207)

- 플라스틱 관

- 증류수

필요한 도구

- 악어집게 전선

- 주사기

● 연료전지의 사양

- 재생형 고분자전해질 연료전지 (PEM reversible fuel cell)

- 크기: 5 X 5 X 12.5 cm (2 X 2 X 1/2 인치)

- 무게: 68 그램 (2.4 온스)

- 개방회로 전압: 0.95 V

- 정격전류: 350 mA

이 프로젝트에서는 태양-수소경제의 주요성에 대해 알아보고자 한다.

태양전지에서 발생한 전력을 이용하여 물을 전기 분해함으로써 수소를 생산하는 간단한 실험을 해 보고자 한다.

● 사용할 부품들의 이해

위에 설명된 부품들을 구매하였다면, 여러분은 멋진 부품들을 많이 가지게 된 것이다. 이것들로 무엇을 할 수 있는지는 아직 확실하지 않지만 당황하지 말자!

우리는 이러한 부품들이 어떤 기능을 하는지, 그리고 이것들을 조합해서 무엇을 할 수 있는지를 이 프로젝트에서 알게 될 것이다.

첫 번째 부품은 그림 17-3에서 17-5까지 보이는 연료전지이다.

살펴보면, 위쪽에 빨간색과 검은색의 두 개의 단자가 있는 것이 보일 것이다. 이는 전기를 공급하거나 뽑아내기 위한 단자이다. 옆면을 보면 기체를 주입하기 위한 배관 연결부가 보일 것이다. 연결부는 한 면에 대각선 방향으로 두 군데씩 있으며, 이는 기체의 주입과 배출의 기능을 한다.

그림 17-3 마개가 씌워진 PEMFC.

그림 17-4 마개를 제거한 PEMFC.

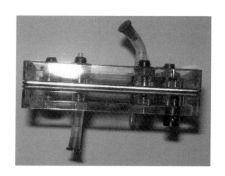

그림 17-5 플라스틱 관을 끼운 PEMFC.

한쪽 면에는 수소를 연결할 수 있도록 "H2 (수소)"라고 표시되어 있으며, 반대쪽 면은 산소를 연결하도록 "O2 (산소)"라고 표시되어 있다. 물론 산소 대신 공기를 연결하여도 된다.

연료전지는 그림 17-3에 보이는 것과 같이 기체 연결부위에 마개가 씌워져서 제공된다. 이는 연료전지 내부의 습기가 날아가서 나피온 전해질막이 건조되는 것을 막기 위해서이다. 사용할 때는 마개를 제거한 후 플라스틱 관을 연결하면 된다. 이 플라스틱 관의 반대쪽은 기체용기와 연결하도록 한다. 그림 17-5에 짧은 플라스틱 관이 연결된 연료전지가 보인다.

다음 부품은 그림 17-6과 17-7에 보이는 기체용기이다.

우선 할 일은 기체용기에 그림 17-6처럼 물을 채우는 것이다. 그리고, 기체가 발생하기 시작하면 그림 17-7에 보이는 것처럼 생성된 기체가 물을 윗부분으로 밀어내면서 아래의 공간에 저장되게 된다. 윗부분에 있는 물의 무게만큼의 압력은 나중에 저장된 기체를 연료전지에 밀어 보내는 압력으로 작용한다.

또 다른 관을 저장용기에 연결할 수 있는데, 이 관은 연료전지에서 위로 넘치는 물을 빼내기 위한 것이다.

연료전지는 그림 17-8에 보이는 것처럼 기체용기들과 연결되며, 수소와 산소를 흘리면 발전이 시작된다.

그림 17-6 물로 채워진 40 ml 용량의 기체용기.

그림 17-7 기체로 채워진 40 ml 용량의 기체용기.

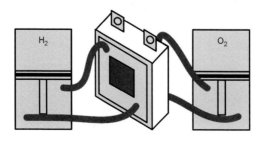

그림 17-8 연료전지와 기체용기들과의 연결방법.

● 연료전지를 이용한 전기분해

물을 전기분해하기 이전에 전기분해가 잘 일어날 수 있게 연료전지를 물로 적실 필요가 있다. 이를 위해서는 증류수를 사용해야 하며, 증류수는 약국에서 구할 수 있을 것이다. 정수된 물로는 충분하지 않으며 반드시 증류수를 사용해야 함을 명심하자. 증류수가 아닌 물을 사용하게 되면, 미량의 불순물 성분들이 고분자전해질 연료전지의 막전극 접합체를 구성하는 예민한 부품인 나피온 전해질막이나 백금촉매를 오염시킬 수 있기 때문이다.

연료전지를 증류수로 적시기 위해서는 주사기와 플라스틱 관을 사용하는 것이 작업을 쉽게 한다. 연료전지 옆면의 한쪽 구멍에 물이 채워진 주사기를 연결하고 물을 주입하여 다른 쪽 구멍으로 공기가 빠져나가게 하자. 작업이 끝난 후에는 다시 마개를 씌워 기체가 스며들지 않게 하자.

기체용기를 물로 채운 후, 그림 17-8에 보이는 것과 같이 연료전지와 연결하자. 만약 플라스틱 관 내부에 기체방울이 보인다면 제거하도록 하자.

다음은 태양전지를 연결할 차례이다.

● 태양전지와 연료전지의 연결

연료전지와 기체용기를 연결하는 작업이 완료되었으면, 이제는 전기회로를 구성하도록 하자. 다행스럽게도 전기적 연결은 매우 간단하다. 그림 17-9를 보자. 연료전지의 빨간색 단자는 (+)극이고 검은색 단자는 (-)극이다. 악어집게 전선을 이용해서 햇볕이 잘 쬐는 곳에 설치한 태양전지와 연료전지를 연결하자.

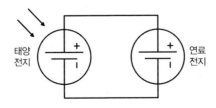

그림 17-9 연료전지와 태양전지의 연결.

267

⬤ 관찰

이후의 작업은 시간이 걸리니, 여유를 가지고 기다리자! 시간이 지나면서 몇 가지 현상이 일어나는 것을 볼 수 있을 것이다. 연료전지 내부에서 기체가 생기기 시작할 것이며, 이는 두 개의 기체용기에 모이기 시작할 것이다. 그 결과 기체용기 아랫부분의 물은 윗부분으로 밀려나게 될 것이다. 수소가 생성되는 양은 산소의 두 배가 되는 것도 볼 수 있을 것이다.

⬤ 어떤 현상이 일어났는가?

물의 화학식은 H_2O이며, 이는 화학을 조금이라도 배운 사람이라면 알고 있을 것이다. 즉 물은 2개의 수소원자와 1개의 산소원자로 구성되어 있다.

물을 통해서 전기를 흘리면 재생형 연료전지는 전기분해 장치로 작동하며 물을 수소와 산소로 분해할 수 있게 된다.

연료전지 내부에는 전해질막이 있기 때문에 발생한 수소와 산소는 분리되어 모이게 되며, 이는 관을 통해 밖으로 배출되어 기체용기에 저장되게 된다.

💬 수소를 생산하는 다른 방법들

비록 여기에서 모두를 다루지는 못하지만 태양에너지를 이용해서 수소를 생산하는 다양한 방법들이 있으며, 각각의 방법은 장단점을 가지고 있다.

실제로 지금은 대부분의 수소가 수증기 개질반응을 통해 생산되고 있다. 이는 화석연료를 수증기와 함께 반응시켜 탄소로부터 수소를 떼어내는 반응이다. 하지만 이 공정은 많은 양의 이산화탄소를 발생시킨다는 것을 잊어서는 안 된다.

현재는 이산화탄소를 회수하여 저장하는 기술에 대해 많이 언급되고 있다. 회수는 이산화탄소가 발생하는 공정에서 이산화탄소만을 분리하는 것이다. 이와 같이 회수한 이산화탄소는 지하 깊숙한 곳에 저장하게 된다. 하지만, 이러한 기술은 문제를 땅 속에 파묻는 것일 뿐 근본적인 해결책은 되지 못한다. 거대 석유회사들이 석유를 채굴하는 동안은 땅속에 이산화탄소를 저장하는 것이 좋은 대안이 될 수도 있다. 왜냐하면 이산화탄소를 유정에 다시 밀어 넣으면 유정의 바닥에 있던 석유까지 채굴하여 석유의 생산량을 늘릴 수 있기 때문이다. 이상의 내용은 경제적으로는 유용하지만 환경적 측면에서는 아직 검증되지 않은 사실이다. 현재까지는 아무도 대규모로 이산화탄소를 지하에 저장해 본 적이 없으며, 저장된 이산화탄소가 다시 지상으로 방출되지 않을 것인지에 대해서는 누구도 확신할 수 없다.

태양에너지를 이용해서 수소를 만드는 또 다른 방법은 수소를 생산하는 박테리아를 이용하는 것이다. 광합성 과정에서 어떤 조류나 박테리아는 수소를 생산하는 것이 확인되었는데, 이 수소를 모아서 사용하면 수소경제에 기여할 수 있을 것이다.

 웹사이트

다음 사이트는 미생물을 이용한 수소생산에 관한 정보를 제공하고 있다.

- http://www.fao.org/docrep/w7241e/w7241e0g.htm

PROJECT 46

저장된 수소를 이용한 발전

준비물

- 재생형 고분자전해질 연료전지 (PEM reversible fuel cell) (Fuel Cell Store P/N: 632000)

- 태양전지 (Fuel Cell Store P/N: 621500)

- 기체 저장 용기 2개 (Fuel Cell Store P/N: 560207)

- 플라스틱 관

- 증류수

- 작은 부하 (1~2 V 정도)/가변저항

필요한 도구

- 전류계

- 전압계

이전의 실험에서 전기를 어떻게 사용하는지를 살펴보았다. 정확하게는 태양전지에서 얻어진 전기를 이용한 수소의 생산이었다. 이 수소는 나중에 사용하려고 저장한 것인데, 이번 실험에서 사용하도록 하자. 이번에는 수소를 이용해서 전기를 만들어 보고, 이 과정에서 어떤 일들이 일어나는지 살펴볼 것이다.

수소경제에서 수소는 값싸고 풍부한 신재생에너지로 발전한 전기로부터 생산되어야만 하며, 제조한 수소는 배관을 통해 가정의 소형 연료전지 발전기에 공급될 수도 있다. 이러한 가정용 소형 연료전지 발전기는 전기와 열을 동시에 가정에 제공할 수 있다. 또한 공급된 수소는 연료전지 자동차의 연료로도 사용이 가능하다.

이제 연료전지가 어떻게 수소를 전기로 바꾸는지 살펴보자.

그림 17-10은 연료전지의 중요한 부분을 나타낸 모식도이다.

그림 17-11을 보면 수소가 연료전지로 들어오는 것이 보인다.

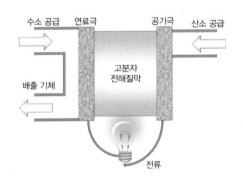

그림 17-10 고분자전해질 연료전지의 모식도.

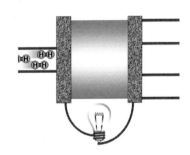

그림 17-11 수소가 연료전지로 들어온다.

백금촉매상에서 수소의 분해반응에 의해 수소이온과 전자가 생성된다. 발생한 전자는 전해질막을 투과할 수 없으므로, 외부의 전기회로를 돌아서 반대쪽 전극으로 가게 된다. 반면에 수소이온은 전해질막을 통해 반대쪽 전극으로 이동한다. 이는 그림 17-12에 나타내었다.

전자는 외부회로를 통해 이동하는 과정에서 우리에게 유용한 전기적 일을 하게 된다. 예를 들면 17-13에 보이는 것과 같이 전구를 켤 수도 있다.

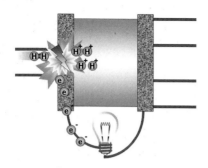

그림 17-12 수소이온과 전자가 분리된다.

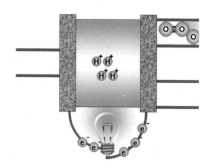

그림 17-13 전자는 전기적 일을 한다.

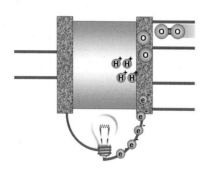

그림 17-14 전자, 수소이온, 산소가 반응한다.

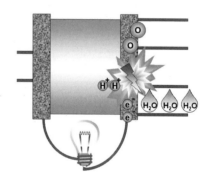

그림 17-15 물이 생성된다.

전해질막의 반대쪽에서는 외부회로를 돌아서 온 전자, 전해질막을 투과해서 온 수소이온, 외부에서 공급된 산소 또는 공기가 모두 함께 그림 17-14와 같이 반응하게 된다.

이 반응의 생성물은 그림 17-15에 나타난 것과 같이 물이며, 이는 외부로 배출되게 된다.

이 과정들은 연속적으로 일어나며, 수소와 산소가 지속적으로 공급되는 한 전자와 수소이온도 지속적으로 흐르게 된다.

━ 연료전지의 연결

연료전지를 그림 17-16과 같이 연결해 보자. 기계적인 연결은 그림 17-8과 동일하게 하면 된다. 이전과의 차이점은 태양전지와 연결하는 대신에 연료전지에 전력을 소모하는 전기적인 부하를 연결한 것이다.

이러한 전기적인 부하에 대한 거동은 전압계와 전류계를 이용하여 측정할 수 있다.

연료전지가 작동함에 따라 기체용기에 저장된 수소와 산소의 부피가 조금씩 줄어드는 것을 바로 볼 수 있을 것이다. 만약 전구, 모터 또는 저항을 부하로 사용하였다면 전력을 소모하게 될 것이다. 전압계와 전류계로 측정한 값은 이 부하가 소모한 전력을 알 수 있게 할 것이다.

실험이 성공적으로 되었다면, 이제 과학영재 여러분은 세상에 수소경제를 이해시키고, 또한 실제로 적용하기 위한 첫걸음을 내디딘 것이다.

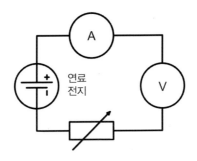

그림 17-16 연료전지의 회로도.

 주목

교육용 시범을 위해서는 Fuel Cell Store (부록의 판매처 목록 참조)의 Eco H_2/O_2 시스템 (Part no. 534407)이 적합하다. 이 시스템을 이용하면 이번 장의 원리들을 실험대에 설치된 장비들을 이용하여 잘 시연할 수 있다.

결론

연료전지는 샌드위치와 같다고 생각하는 것이 이해하기에 편리하다. 두 개의 식빵을 전극으로 가진 치즈 샌드위치를 상상해 보자. 빵에는 버터가 발라져 있는데, 이 버터는 치즈와 식빵 사이의 상호작용을 나타내며, 이 버터는 탄소천이나 탄소종이로 되어 있는 기체확산층으로 생각할 수 있다. 물론 치즈는 막전극 접합체를 나타낸다.

수소경제는 절대로 하룻밤에 이루어질 수 있는 것은 아니며, 어떤 계기로 한 번에 이루어질 수 있는 것도 아니다. 이러한 기술들은 우리의 생활 속에 서서히 자연스럽게 스며들어야 하는 것이다.

이러한 수소경제의 시작은 아마도 연료전지 자동차나 휴대용 전자기기에서 시작될 것이다. 휴대용 전자기기의 경우는 가벼운 고용량 에너지원을 필요로 하므로 그 수요가 크다고 하겠다. 여러분은 이후로 수소를 점점 더 많은 곳에서 접할 수 있을 것이다. 하지만 여전히 극복해야 할 기술적인 장벽들이 존재하고 있음을 잊지 말자.

 웹사이트

다음 사이트에서는 고분자전해질 연료전지 내부에서 일어나는 현상을 애니메이션으로 볼 수 있다.

- http://www.griequity.com/resources/industryandissues/Energy/pem%20animation.html

SOLAR ENERGY PROJECTS

SOLAR ENERGY PROJECTS

광합성-태양에너지로

연료 만들기

이 책에서 이미 우리가 보았듯이 태양에너지를 많은 다른 방법으로 수확할 수 있으며, 열과 전기와 같이 우리가 필요로 하는 것을 태양으로부터 얻을 수 있다. 17장에서 보았듯이, 때때로 우리는 이동 가능하고 가벼운 에너지원이 필요하다. 예를 들어 자동차에 필요한 동력과 태양에너지를 직접적으로 사용하기에 적절하지 않은 곳에 에너지를 운반하는 것이 필요할 때가 있다.

태양에너지를 수확하는 방법 중 하나는 연료로 바꿀 수 있는 식물을 생산하는 것이다. 식물은 태양 에너지로 자란다는 것을 기억하자. 식물은 공기 중의 이산화탄소와 땅속의 물과 영양분을 이용하여 생물학적인 물질로 전환한다. 나무와 꽃은 태양 에너지 없이는 존재할 수 없다. 그림 18-1은 이러한 일이 일어나는 순환과정을 보여 주고 있다.

어떤 식물은 기름으로 전환할 수 있는데, 프렌치 프라이를 먹을 때마다 식물이나 해바라기로부터 얻은 식용유로 요리한 것을 상기하자. 이 기름은 직접 엔진에서 연소될 수 있으며, 식물성 기름을 '바이오 디젤'로 전환할 수도 있다. 바이오 디젤은 다른 일반 경유처럼 디젤 엔진에 바로 사용할 수 있다. 트리글리세라이드인 식물성 기름과 바이오 디젤의 차이점은 바이오 디젤이 더 짧은 탄화수소 사슬로 구성되어있다는 것이다. 이는 바이오 디젤의 점도가 식물성 기름보다 낮아서 더 자유롭게 흐를 수 있다는 것을 뜻한다.

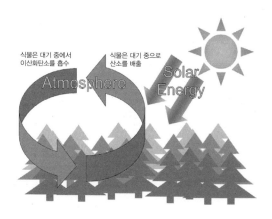

그림 18-1 바이오 연료-태양으로부터 얻는 연료.

바이오 연료를 만들 수 있는 또 다른 방법은 발효와 증류를 통해 에탄올을 만들 수 있는 당분이 풍부한 작물을 기르는 것이다. 에탄올은 조금만 변화시키면 휘발유와 디젤 엔진의 연료로 사용할 수 있다.

브라질같은 나라는 일반적으로 식물에서 추출한 에탄올과 석유에서 얻은 휘발유/경유를 섞어서 사용한다. 이것은 '가소홀(Gasohol)'로 많은 지역에서 팔린다. 이처럼 휘발유/경유와 에탄올을 섞어서 사용함으로써 수입한 석유에 대한 의존도를 줄이고 있다. 중동에서 수입한 석유에 많은 의존을 하는 미국과 같은 선진국들은 이러한 개발도상국으로부터 많은 것을 배워야 할 것이다. 석유는 환경 변화에 매우 민감한 아름다운 자연을 갖는 곳에 많이 존재하고 있으며, 미국의 석유회사는 엄청난 환경 파괴를 일으키는 알래스카를 관통하는 송유관을 제거해야 할 것이다. 분명히 다른 해답이 있을 것이며, 이는 미국의 농부들에게 혜택이 돌아가는 해답이 될 수도 있다?

그림 18-2는 에탄올의 구조를 보여준다. 그리고 그림 18-3은 어떻게 에탄올이 생산되고 태양에너지에 의해 순환되는지를 보여준다. 하지만 어떤 단계에서는 에너지를 투입하여야 한다는 것을 고려해야 한다. 이 에너지가 항상 신재생에너지 에너지원으로부터 오는 것은 아니기 때문에, 얼마나 많은 기름이 바이오 연료에 들어 있는지에 대한 신중한 고려가 필요하다.

그림 18-2 에탄올 분자 – 태양으로부터 얻어지는 바이오 연료.

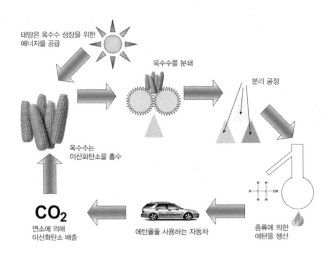

태양은 옥수수 성장을 위한
에너지를 공급

옥수수를 분쇄

분리 공정

옥수수는
이산화탄소를 흡수

CO₂

연소에 의해
이산화탄소 배출

에탄올을 사용하는 자동차

증류에 의한
에탄올 생산

그림 18-3 에탄올의 생산.

어떤 농업기술은 많은 비료와 농업용 화학물질에 의존하며, 이 모든 것을 생산하기 위해서는 많은 에너지가 들어간다. 하지만 적은 에너지가 들어가는 유기농법과 같은 다른 농업기술도 있다. 이 기술은 수 백 년간 갈고 닦아진 것이 세대를 거치며 내려왔다 (산업화된 농법은 상대적으로 최근의 현상임을 기억하자). 보스톤 대학의 C. J. 클리브랜드에 따르면 미국에서 일어나는 식물에 의한 광합성은 미국에서 화석연료 사용량의 60 %에 해당하는 5.0×10^{19} J의 에너지를 생산하고 있다. 이의 의미는 식물이 자라는 양이 우리가 소비하는 에너지 양과 비슷한 수준임을 나타낸다. 이는 바이오 연료로부터 우리가 필요로 하는 모든 에너지를 얻을 수는 없지만, 더 많은 분야에서 사용되어질 수 있음을 나타낸다.

 정의

탄화수소

탄화수소는 수소 원소와 탄소 원소로 된 사슬 형태의 화학물질이다.

석탄은 많은 나무와 식물이 자라는 기간에 생성되었으며, 이들이 죽은 후 바위와 흙에 의해 압력을 받아 만들어졌다. 석탄에서 탄소를 함유한 물질은 실제로는 죽은 식물이다. 따라서 태양에너지로부터 석탄이 만들어진 셈이 되는 것이다.

석탄, 화석연료와 바이오매스의 중요한 차이점으로 인식되는 것은 바이오 연료는 그것이 탈 때 생성되는 이산화탄소를 최근에 흡수했다는 점이다. 화석 연료가 탈 때는 수 백 만년 동안 땅속에 가두어져 있던 이산화탄소를 내보내는 것이다. 이것이 왜 화석연료를 태울 때 실제로 많은 문제가 생기는가에 대한 이유이다.

 정의

수소 4개의 법칙

여기서 화학에 대해 너무 많은 것을 다루지 말고, 동시에 어떻게 탄화수소가 작동하는지를 이해하자. 지금까지 주의 깊게 봐왔다면 탄소와 수소 원소가 결합하여 탄화수소라는 분자를 형성한다는 것을 알았을 것이다. 이것은 탄화수소 박스에 설명되어 있다. 이제 수소와 탄소 원소가 결합하는 법칙을 알아보자.

탄소는 다른 원소가 붙을 수 있는 4개의 팔이 있다. 가장 간단한 탄화수소는 메탄으로 4개의 팔에 모두 수소가 붙어 있으며, '천연 가스'로 알려져 있다. 하지만 이 팔에는 수소뿐만 아니라 탄소도 붙을 수 있다.

두 개의 메탄 분자에서 각각 하나씩의 수소결합을 제거하고 이렇게 제거된 곳을 서로 결합할 수 있다.

작업을 계속하면 더 길게 탄소 고리를 만들 수 있다. 탄소 8개가 연결되게 되면 화학에서는 이것을 '옥탄'이라고 부르며, 이 옥탄은 휘발유와 유사하다. 탄소를 추가하여 탄소가 10-15개가 되게 만들면, 차에 사용하는 경유와 유사하다. 경유는 10-15개의 탄소를 갖는 탄화수소의 혼합물이다.

우리의 환경체제는 수도 꼭지 아래에 구멍이 있는 양동이를 놓은 것과 같다. 수도꼭지는 우리가 공기 중으로 이산화탄소를 내보내는 것과 같고 구멍은 공기로부터 이산화탄소를 제거하는 것과 같다. 이산화탄소를 제거하는 방법으로는 이산화탄소를 흡수하고 산소를 내보내는 식물과 같은 것이 있다.

만일에 물을 구멍에서 새는 것과 동일한 속도로 흘려 보내면 물의 높이는 일정하게 유지될 것이다.

만약 바이오 연료를 주로 사용하고, 연료로 사용한 것을 다시 심는다면, 최근에 공기에서 흡수한 이산화탄소만을 다시 공기 중으로 내보내게 된다. 이는 물이 새어나가는 양과 동일하게 양동이에 물을 흘려 보내는 것과 같다.

하지만 만약 우리가 수돗물을 틀어 세차게 나오게 하면 물 높이는 올라가기 시작할 것이다.

이것이 현재 우리가 하고 있는 일이며, 이산화탄소를 배출하는 수도꼭지를 더 많이 나오게 돌리고 있는 것이다. 즉, 안전하게 물의 수위를 유지할 수 있는 양보다 더 많은 양의 물이 수도꼭지에서 나오게 하는 효과와 같다!

이는 우리가 수 백 만년 동안 안전하게 가두어져 있던 탄소를 공기 중으로 밀어내고 있기 때문이다.

그림 18-4를 보면, 식물은 물과 이산화탄소를 흡수하여 산소를 만들어낸다. 하지만 화학적 지식으로 생각해 보면, 어떠한 화학식이던지 균형을 이루어야 할 것이다. 식 1을 보자.

$$6H_2O + 6CO_2 \rightarrow C_6H_{12}O_6 + 6O_2$$

식 1 광합성 반응식

여기에서는 물과 이산화탄소가 결합하여 당분과 산소를 만들며, 당분은 식물이 자랄 수 있게 하는 음식인 것이다.

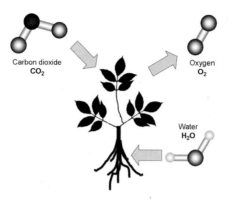

그림 18-4 광합성.

💬 바이오 연료의 역사

오래 전에 대담한 원시인이 막대기를 비벼서 자신을 따뜻하게 할 수 있다는 것을 발견하고, 불을 이용하여 맛있는 음식을 요리한 이후로 우리는 계속해서 바이오 연료를 태우고 있다. 나무는 기본적인 연료로 난방과 요리를 하는데 쓰였다.

증기 시대 (외연기관이 발명된 때)가 발전하면서 열을 운동에너지로 바꿀 수 있게 되었다. 이것은 산업혁명의 바탕을 이루었고, 초기에는 증기 자동차의 형태로 운송 수단이 되었다.

산업혁명 시대의 많은 것이 쉽게 에너지를 얻을 수 있고 높은 에너지 밀도를 갖는 석탄에서 동력을 얻었다. 하지만 나무 연료를 이용한 수 많은 증기 엔진도 있었다.

이것은 매우 좋았지만 내연기관이 발명되면서 진정 흥미로운 일이 시작되었다. 이는 그림 18-5에 있는 니콜라스 오거스트 오토 (1832년 6월 14일 ~ 1891년 1월 28일)에 의해 발명되었다. 그의 아이디어는 정말 혁명적이었으며, 연료를 실린더 밖에서 태우는 것이 아니라 연료를 실린더 안에서 태우는 것이었다. 1867년 5월 새로운 혁명인 내연기관이 탄생하였다.

작은 실린더 안에 큰 나무를 넣는 것이 불가능하니, 바이오 연료에 대해서는 나쁜 소식이라고 생각할 수도 있을 것이다. 하지만 사실 오토의 원래 계획은 이 장에서 우리가 이미 접한 에탄올을 연료로 사용하는 것이었다. 여러분이 잘 알다시피 에탄올은 바이오 연료이다.

오토가 만든 회사는 아직도 잘 유지되고 있으며, Deutz AG라는 이름으로 존재하고 있다.

오토 사이클로 알려진 4행정의 내연기관은 점화기를 이용하여 연료와 공기의 혼합물을 연소시키며, 이것이 바로 휘발유나 디젤 자동차의 엔진이다.

하지만 이것보다 더 많은 이야기가 있다. 바이오 연료는 헨리 포드가 에탄올을 연료로 사용하는 '모델-T'라는 차를 디자인 했을 때, 또 한 번의 붐이 일어났다. 불행하게도 지금은 이 이야기는 부정적으로 바뀌었다.

2차 세계대전 중에, 석유의 공급 부족으로 인해 전쟁에 사용할 에너지의 수요를 충족시키기 위해 많은 나라들이 바이오 연료를 개발하고자 하였다.

하지만 불행하게도 이 시기 이후에 바이오 연료에 대해서는 좋지 않은 방향으로 일들이 진행되었다. 석유의 가격이 싸게 되면서 바이오 연료는 설 자리를 잃게 된 것이다.

서구사회는 이제 그 어느 때보다 경제적이나 환경적인 측면에서 적정한 수준의 가격을 가지는 화석연료를 찾는데 주력하고 있다. 세계의 만족할 줄 모르는 석유에 대한 탐욕의 결과로 알래스카와 같은 훌륭한 아름다운 자연은 석유를 얻기 위한 과정에서 심각하게 환경이 훼손되고 있다. 바이오 연료에 대한 흥미가 다시 일어나고 있으며, 이후로 바이오 연료에 대해 더 자주 들을 수 있기를 기대한다.

그림 18-5 니콜라스 오거스트 오토.

💬 나쁜 바이오 연료?

여러분 과학영재들은 여러분이 탐구하고자 하는 세상에 있는 논쟁을 균형 잡힌 시각으로 보고자 노력해야 한다. 바이오 연료에 대한 생각을 잠깐 접어 두고, 왜 이것이 세상을 구하고자 하지 않는지 살펴보자.

바이오 연료는 우리의 에너지 문제 해결을 위해 중기적으로 매우 중요한 역할을 할 수 있으며, 장기적으로 보면 수소 경제와 수소 연료전지와 같은 기술이 우리의 에너지 요구에 맞을 것이다. 하지만 단기적인 측면에서는 '더러운' 기술에서 더 친환경적인 기술로 전환할 수 있는 해법이 필요하며, 바이오 연료는 부분적으로 이 전환점의 역할을 할 능력을 가지고 있다.

하지만 바이오 연료를 이용해서, 현재의 모든 에너지 수요를 충족시키고자 한다면 커다란 규모로 에너지를 재배하는 것은 바람직하지 않다. 세상의 농업용 토지 (곡식을 재배할 수 있는 땅)는 그 면적이 제한적이며, 우리가 살아가고, 먹을 음식을 생산하고, 동물들이 풀을 뜯을 땅도 필요하다. 만약 미래의 에너지 수요를 바이오 연료로 만족시킬 수 있는지 계산을 해 본다면, 맞추기가 어려운 것을 알게 될 것이다.

인구 증가와 그로 인한 증가하는 식량 요구 더군다나 개발도상국의 증가와 함께 전체적으로 우리가 필요로 하는 땅은 부족한 상황이다.

단기적으로 보면 유용하게 사용할 수 있는 충분한 땅과, 버려지고 있지만 잠재적으로 에너지를 만들 수 있는 많은 바이오 산업 폐기물이 있다.

더군다나 현재는 폐기물로 처리되지만 에너지를 만드는데 사용할 수 있는 폐기물을 살펴 볼 필요가 있다. 매 블록마다 수 백 만개의 프렌치 프라이를 만드는 패스트 푸드 가게가 있다. 이렇게 하기 위해서는 결국은 폐식용유로 버려질 많은 양의 식물성 식용유를 사용해야 하는 것이다. 최소한의 노력으로 버려질 식물성 식용유를 디젤 엔진의 연료로 사용할 수 있다는 것을 알고 있는가?

> 서점의 책꽂이를 보자. 곧 나올 나의 책 "주말에 여러분의 차를 바이오 디젤로 전환하자(Convert Your Vehicle to Biodiesel in a Weekend)"에는 어떻게 디젤 자동차를 식물성 기름으로 달릴 수 있게 전환하는지 자세하게 나와있다.

폐기물로 자동차를 달리게 하는 것이 여러분이 세상을 구하는 작은 방법이지만, 연료 생산용 작물을 심기 위해 우림 지역의 나무를 베는 것은 세상을 구하는 일이 아니다. 부끄럽게도 세상의 어떤 지역에서는 이러한 일들이 일어나고 있는데 이는 지속 가능한 연료를 공급하고자 하는 바이오 연료의 목적에 위반된다.

많은 우림 지역이 빠른 기간에 기름 (돈)을 생산하는 연료 생산용 작물을 심기 위해 황폐해지고 있다. 우림의 면적이 줄어들 때마다, 많은 양의 생명체의 다양성을 잃게 되고 지구의 허파를 잃게 될 것이다.

더군다나 같은 종의 작물을 대량으로 심는 것은 생물의 다양성에도 좋지 않다. 여러 가지 식물군과 동물군의 건강한 혼합이 필요한 것이다. 같은 것이 압도적으로 많은 것은 세상의 생태학에 좋지 않다.

광합성 실험

다음의 실험에서는 바이오 연료로 사용할 수 있는 식물에서 태양을 기반으로 일어나는 과정을 분석할 것이다. 우리가 이미 알고 있는 이 과정은 '광합성'이라고 한다.

바이오 연료를 만드는데 사용되는 사탕수수, 유채씨앗 그리고 바이오 연료를 만들기 위해 사용할 수 있는 작물들은 크고 관리하기 힘들며 실험결과를 예상하기 힘들다. 이러한 이유로 바이오 연료를 만드는 모델로는 샐러드용 크레스나 겨자와 같이 작고 더 관리하기 쉬운 것을 사용할 것이다. 정원에서 무엇을 찾아보아야 할 지를 알려주기 위하여 그림 18-6에 내가 사용한 씨앗의 그림을 나타내었다.

주목

정확한 실험을 하기 위해서는, 가능한 한 변수들을 정확하게 조절할 필요가 있으며, 이를 통해 정확하고 재현성 있는 실험을 할 수 있다. 지나치게 엄격한 것 같지만, 식물에 주는 물의 양, 사용한 솜의 양, 쪼여 주는 빛의 양을 가능한 한 책에 제시된 값과 유사하게 하도록 하자. 공정한 평가를 위해서 모든 조건을 똑같이 해야 할 것이다. 예를 들어, 만약 창가에서 몇 가지 실험을 하였다면, 모두가 같은 양의 빛을 받아야지, 어느 것은 양지에 있고, 어느 것은 음지에 있게 설치해서는 안 될 것이다.

그림 18-6 크레스 씨앗은 우리의 실험에 적합하다.

PROJECT 47

바이오 연료와 햇빛

준비물

- 샐러드용 크레스 씨앗 40개 (유채 씨앗도 가능)
- 목화 솜

필요한 도구

- 작은 그릇 2개
- 5 ml 주사기

이 실험에서는 바이오 연료를 생산하기 위해서는 태양에너지가 요구된다는 것을 증명하고자 한다. 이렇게 하기 위해서 바이오 연료로 쓸 식물의 성장을 비교할 수 있도록 두 개의 작은 셀을 설치할 것이다.

작은 그릇을 두 개 준비하도록 하자. 목화 솜으로 바닥에 2 cm를 채운 후, 식물의 씨앗 20개를 조심스럽게 꺼내서 각각의 그릇에 얹고, 5 ml의 물을 균등하게 주도록 하자. 두 개의 셀을 가능한 한 같은 조건으로 유지하도록 한다. 동등하고 재현이 가능한 조건으로 하기 위해서 가능한 한 정확하게 실험하도록 하자. 이 시료 중 하나를 햇빛이 잘 드는 창문 옆에 둔다. 다른 하나는 태양 빛이 비추는 것을 막기 위해 같은 곳에 두고 박스로 덮어 둔다.

며칠 동안 무슨 일이 일어나는지 관찰하도록 하자. 두 개를 비교할 때, 상자를 덮어 놓은 것은 관찰 후 즉시 덮어 놓아야 한다.

씨앗이 자라기 위해서는 햇빛이 필요하다는 것을 확인할 수 있을 것이다.

물론 태양 대신 인공 조명을 사용할 수도 있으나, 많은 에너지가 요구되는 것을 생각하면 바람직하지 않다.

PROJECT 48

바이오 연료와 물

준비물

- 샐러드용 크레스 씨앗 40개 (유채 씨앗도 가능)

- 목화 솜

필요한 도구

- 작은 그릇 2개

- 5 ml 주사기

이 실험은 전번 실험과 유사하게 바이오 연료를 만들 수 있는 식물 두 개를 비교할 것이다. 이 실험의 다른 점은 두 식물 모두를 밝은 햇빛에 노출시킬 것이지만, 하나는 5 ml의 물을 줄 것이고 다른 하나는 마른 목화 솜 위에 있을 것이다.

결과는 직감적으로 알 수 있듯이, 물을 주지 않으면 식물은 죽는다. 그럼에도 불구하고 이 실험은 직접 해 보고 느껴볼 만한 가치가 있다.

PROJECT 49

클로로필의 광흡수 특성

준비물

- 동일한 상자 4개

- 샐러드용 크레스 씨앗 80개 (유채 씨앗도 가능)

- 목화 솜

- 적색, 녹색, 푸른 색의 젤라틴 필터

필요한 도구

- 동일한 작은 그릇 4개

- 5 ml 주사기

주목

필터를 어디서 구할지를 모르겠으면, 사진 재료를 파는 곳이나 무대 조명 가게에서 알아보라. 만약 그래도 구할 수 없으면 사탕을 싼 투명한 색비닐을 테이프로 잘 붙여서 사용할 수도 있다. 이 때 붙인 부분으로 직접 빛이 통과하지 않도록 주의한다.

앞의 실험에서 광합성이 일어나기 위해서는 빛이 필수적이라는 것을 알아 보았다. 이러한 빛을 좀 더 구체적으로 알아보도록 하자.

이제는 식물에게 광합성에 필요한 빛과 물을 모두 주면서 실험할 것이다. 하지만 이 번에는 세 개의 상자는 적색, 녹색, 푸른 색이 걸러진 태양 빛을 받게 될 것이다.

네 개의 상자를 준비하도록 하자. 각각 2 cm의 목화 솜을 채운 후, 20 개의 씨앗을 각각의 상자에 놓고 물을 5 ml씩 골고루 준다.

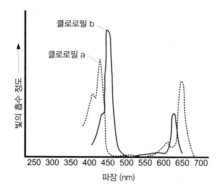

그림 18-7 빛에 대한 클로로필의 반응.

색깔이 있는 젤라틴 필터를 상자 위에 설치하여 색이 있는 빛만이 씨앗에 닿도록 한다.

이제 씨앗이 자라는 것을 비교해 보자. 어느 씨앗이 잘 자라는가? 왜 그렇다고 생 각하는가?

식물에서 클로로필은 빛을 받아들이는 곳이다. 이는 태양 빛을 받아 식물이 자랄 수 있게 음식을 공급하는 곳이다. 녹색 식물에는 클로로필을 갖고 있는 엽록체가 있다. 이는 녹색이며, 식물의 녹색을 나타내는 근원이다.

클로로필은 a와 b의 두 가지 종류가 있으며, 그림 18-7과 같이 두 가지 모두 유사한 파장의 빛에 대해 반응한다.

아마도 적색과 푸른 색 필터를 사용한 식물이 잘 자랄 것이고, 녹색 필터의 작물은 잘 자라지 않을 것이다. 그림 18-8을 보면 적색과 청색 빛의 파장에 대한 최고점이 어디 있는지 보일 것이다.

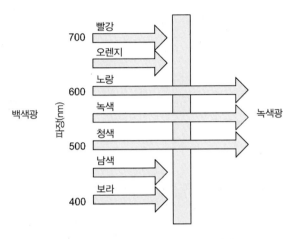

그림 18-8 백색광의 구성 요소로서의 녹색광.

엽록체는 적색과 청색을 흡수하고 녹색을 반사하는데, 이것이 식물이 녹색으로 보이는 이유이다. 가을 동안에는 광합성 활동이 감소하고 클로로필의 양이 적어지는데, 이것이 나무의 잎들이 초록색에서 붉고 노란 단풍색으로 보이는 이유이다.

 Tip

재미있는 정보

식물은 이산화탄소를 흡수하고 산소를 생산한다는 것을 기억하는가? 이러한 주장을 통계적으로 생각해 보자! 1 헥타르의 땅에 심어진 옥수수는 325명의 사람에게 필요한 산소를 만들 수 있다!

💬 바이오 디젤

자동차는 깊은 유정에서 생산된 휘발유와 경유로 움직인다. 석유가 고갈되어감에 따라 석유의 가격이 급격하게 올라가고 있다. 자 그렇다면 석유가 나무에서 자란다면 어떻게 될까? 석유는 나무에서 자라지 않지만 바이오 디젤은 나무에서 얻을 수도 있을 것이다!

이 책의 많은 아이디어들처럼 이는 새로운 아이디어가 아니다. 그림 18-9에 있는 루돌프 디젤은 다양한 탄화수소를 연료로 사용할 수 있는 압축 발화 엔진 (지금의 디젤 엔진)을 개발하였으며, 1898년에 디젤은 땅콩 기름으로 엔진이 가동되는 것을 시연하였다.

그림 18-9 루돌프 디젤.

약간만 개량을 한다면, 여러 가지 종류의 식물성 기름으로 압축 발화 엔진을 작동시킬 수 있다. 하지만 이러한 기름은 점도가 높아서 연료의 온도가 낮으면 문제가 생길 수 있다. 이러한 이유로 기름을 채취한 다음 약간의 화학적 처리를 통하여 바이오 연료로 전환하는 것이다.

식물이 광합성을 통해 그들의 음식을 만드는 것과 같이, 바이오 디젤은 식물에 태양에너지가 화학적인 결합의 형태로 저장된 '액체 햇빛'으로 생각할 수 있다.

PROJECT 50

나만의 바이오 디젤 만들기

준비물

- 식물성 기름 100 ml (옥수수 기름, 해바라기 기름 등)

- 메탄올 20 ml

- 알칼리 1 g (NaOH 또는 KOH)

필요한 도구

- 유리 플라스크 또는 유리 실린더

- 혼합용 유리 막대

- 비중계

- 안전 장비

- 눈 씻는 시설

- 보안경

- 장갑

- 앞치마

- 식초

> ### ⓘ 주의
>
> 이 실험에서 사용하는 메탄올과 알칼리는 모두 독성이 있고 다루기 힘들기 때문에, 실험은 책임 있는 어른의 지도 하에서 이루어져야 한다. 알칼리는 정말로 강한 염기이기 때문에 조심하지 않으면 피부가 탈 수 있다. 또한 알칼리 가루가 눈에 들어가면 영구적인 손상을 입거나 심하면 시력을 잃을 수도 있다. 안전 목록이 포함되어 있는 것이 이상하게 생각될지 모르지만, 만약 염기를 흘렸다면 식초를 부어서 안전하게 중화시켜야 한다. 산은 알칼리와 반응하여 물을 만든다. 모든 안전 장비를 입고 충분히 조심하도록 하자.
>
> 어디에서 알칼리를 구하는지 모른다면 배수구 청소하는 것을 파는 곳에서 살 수 있을 것이다. 주의를 기울여야 하는 까다로운 물질이니, 안전에 주의하도록 하자.
>
> 어디에서 메탄올을 구하는지 모른다면 모형 만드는 가게에 가 보도록 하자. 이는 종종 모델 비행기 엔진의 연료로 사용된다.

이 실험에서는 디젤 엔진을 가동하는데 쓰일 경유를 식물성 기름으로부터 만들어 보고자 한다. 그림 18-10에서 보듯이 바이오 디젤로 디젤 자동차를 가동할 수 있다. 환경에 대한 책임감을 가진 회사는 바이오 디젤을 이용한 자동차를 사용하기 시작하고 있다. 주유소에서 바이오 디젤과 경유의 혼합물을 파는 것이 증가하고 있으며, 어떤 경우에는 일반 경유에 소량의 바이오 디젤을 윤활제로 섞기도 한다.

그림 18-10 바이오 디젤을 자동차에 주입하고 있다.

이번 프로젝트에서는 소량의 바이오 디젤을 만들고자 한다. 이번 실험에서는 바이오 디젤을 만드는데 관련된 화학에 대해 조금 소개하고자 하며, 동시에 제조 과정을 보여주는 것을 목표로 하고 있다. 하지만 이번 실험에서는 품질관리를 거의 하지 않기 때문에 디젤 엔진에 직접 사용하지는 말기를 바란다.

우선 식물성 기름을 100도 이상으로 가열하여 물을 제거한다. 과열을 조심하라.

별도의 용기에 메탄올과 알칼리를 완전히 섞도록 하자. 이는 '메톡사이드'를 형성하는데, 유해한 화합물을 포함하고 있으니 제조 과정에서 주의하도록 하자.

이제 메톡사이드를 식물성 기름에 넣도록 하자. 반응이 잘 되도록 하기 위해서는 45도 근처의 온도에서 섞는 것이 좋다.

메탄올 증기를 마시지 않도록 주의하자. 학교의 화학실험실에 있는 후드를 이용할 수 있다면 안전을 위해 후드를 사용하자. 그렇지 않다면 야외와 같이 환기가 잘 되는 곳에서 작업하도록 하자.

몇 분 동안 혼합물을 잘 저어주도록 하자.

이제 어린이들의 손이 닿지 않는 안전한 곳에 하룻밤 동안 방치하도록 하자. 혼합물이 안정해질 것이다.

다음날 혼합물을 보면 두 개의 층으로 나누어져 있을 것이다. 용기 아래쪽은 끈기 있는 갈색일 것인데, 이것은 글리세롤과 사용되지 않은 메탄올, 촉매 그리고 약간의 비누 (오일에 있는 지방산이 반응한 부산물)의 혼합물이다.

위의 층이 우리가 원하는 바이오 디젤이다! 다시 한 번 말하지만 자동차에 사용하지는 말자. 디젤 엔진이 작동 할지 모르지만 품질이 좋지 않기 때문에 엔진을 망가뜨릴 수 있다.

웹사이트

바이오 디젤을 만드는 데 관심이 있다면, 아래의 홈페이지에서 많은 정보를 얻을 수 있을 것이다.

- www.schnews.org.uk/diyguide/howtomakebiodiesel.htm
- www.veggiepower.org.uk/
- journeytoforever.org/biodiesel_make.html

바이오 디젤의 검사

처음으로 해야 할 것은 눈으로 보는 검사이다 – 바이오 디젤이 어떻게 보이는가?

자, 용기에 들어 있는 위의 층과 아래의 층은 확실히 달라 보일 것이다. 만일 비누로 된 중간 층이 많이 있다면, 시작할 때 충분히 물을 제거하지 않은 것이다.

비중계를 사용할 수 있는데, 이 비중계는 액체의 밀도를 알려 줄 것이다. 바이오 디젤의 비중은 보통 880 - 900 g/l정도이다.

바이오 디젤의 화학

이 실험에서 무슨 일이 일어났을까? 그림 18-11과 18-12에 트리글리세라이드로 불리는 분자의 구조를 나타내었다. 이것이 우리가 실험을 시작한 식물성 기름의 성분이다. 이 분자는 볼과 막대기를 이용한 모델로 나타낼 수 있는데 이는 3차원 공간상에서 원소의 위치를 나타내며, 그림 18-12처럼 평면의 구조식으로 나타낼 수 있다.

트리글리세라이드의 구조를 보면 3개의 긴 탄화수소 사슬과 세 개의 탄화수소 사슬을 잇고 있는 중심부를 볼 수 있다. 이 중심부는 글리세롤로 분리되고 이를 글리세라이드라 한다.

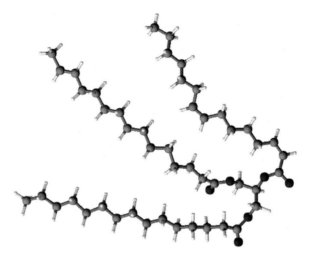

그림 18-11 볼과 막대를 이용한 트리글리세라이드의 모델.

그림 18-12 트리글리세라이드의 화학 구조식.

메톡사이드 혼합물은 세 개의 탄화수소 사슬을 중심부로부터 잘라내는 촉매역할을 한다. 글리세롤 중심부는 무거워서 바닥으로 가라앉고 가벼운 탄화수소는 뜨게 된다. 이것이 바로 바이오 디젤이다.

왜 우리는 글리세롤 중심부로부터 사슬을 분리하는가? 트리글리세라이드의 구조는 다른 트리글리세라이드 분자와 쉽게 서로 얽힐 수 있기 때문에 매우 점도가 높은 기름이 된다. 하지만 잘라낸 사슬은 짧고, 서로 쉽게 얽히지 않아서 점도가 낮게 된다. 이를 통해 많은 바람직한 특성을 갖게 되는데, 경유 분사 노즐의 막힘 없이 경유가 잘 흐를 수 있게 한다.

SOLAR ENERGY PROJECTS

APPENDIX

💬 APPENDIX A : 인터넷 상의 태양에너지 프로젝트

이 책이 태양에너지에 대해 여러분 과학영재의 흥미를 불러일으키는 역할을 하기를 바란다. 저자는 여러분이 이 기술에서 더 나아가 깨끗한 친환경 에너지에 의해 작동되는 여러분 자신만의 발명을 하기를 바란다. 나는 인터넷에서 발췌한 프로젝트, 문헌 그리고 영감을 불러일으키는 태양에너지 기술에 대한 이야기들을 여러분을 위해서 엮었다. 이는 여러분 자신의 지속가능한 에너지 디자인을 위한 창조적인 영감을 제공할 것이다. 모든 사이트들은 아주 흥미롭거나 별나게 보인다. 기존의 응용방법을 따르는 것에 제한되기보다는, 기술을 적용할 응용방법을 찾을 때 보다 더 창조적이 될 것을 부탁한다. 나는 여기에 제공된 것들이 여러분, 독자들에게 영감을 불러 일으키고, 진정으로 독특한 멋진 것을 만들어 내기를 희망한다.

자바 커피를 원한다면? 태양에너지로

태양열을 이용한 커피 볶는 기계! 청정에너지를 사용하여 만든 커피로, 죄책감을 느끼지 않는 에스프레소 커피를 만들자.

- blog.makezine.com/2008/11/21/made-on-earth-eco-roast/
- www.solarroast.com

태양에너지를 이용한 움직이는 간판

이 환상적인 사이트에서는 공학자이자 만화가인 팀 훈킨이 태양에너지를 이용한 움직이는 조각을 만들었다.

- www.timhunkin.com/a125_arch-windpower.htm

태양전지 휠체어

밥 트리밍은 깨끗한 친환경 수송을 우리에게 소개한다. 태양전지 휠체어. 보통의 배터리는 옛날의 물건이 되었다.

- www.infolink.com.au/c/Energy-Matters/Solar-powered-wheelchair-n764070

탄자니아 마을에서의 태양열을 이용한 식수의 정수

여기에 이 책에서 본 내용을 활용한 태양 증류 기술의 예가 있다. 아프리카 마을의 사람들은 물을 정수하여, 질병에 걸리는 것을 방지한다.

- news.bbc.co.uk/2/hi/africa/4786216.stm

건강상태를 모니터링하는 태양전지 옷

확실히 가장 멋있어 보이지는 않지만, 이 태양전지가 장착된 옷은 내장된 센서를 이용하여 건강상태를 모니터링한다. 어두울 때는 아프지 않기를 바란다.

- www.digitalworldtokyo.com/index.php/digital_tokyo/articles/taiwan_puts_e_health_solar_panels_in_digital_clothes/

태양전지로 작동하는 아이팟 셔플

휘어지는 태양전지로 작동하며, 어떻게 아이팟 셔플을 청정에너지로 작동하게 바꾸는지 보여준다.

- www.makezine.com/blog/archive/2005/03/solar_powered-i.html

거대한 반사판을 이용한 죽음의 광선

이 죽음의 광선은 버닝맨 행사에서 핫도그를 굽기 위해 만들었다. 엄청난 크기이며, 한 번은 구경할 만 하다.

- igargoyle.com/archives/2006/07/solar_death_ray_for_hot_dogs.html

고물 자동차를 이용한 MIT의 태양열 발전기

저가의 태양에너지의 형태를 발명하고자 하였으며, MIT의 학생이 고물 자동차의 부품을 이용한 태양열 발전기를 보여준다. 재활용을 통한 친환경 에너지!

- www.technologyreview.com/read_article.aspx?id=17169&ch=biztech

태양열 온수기

간단하고 값싼 태양열 온수기. Mother Earth News 제공.

- www.motherearthnews.com/Renewable-Energy/1979-09-01/A-Homemade-Solar-Water-Heater.aspx

태양전지를 이용한 붐 박스

탄소 배출에 대한 죄책감 없이 음악을 듣자! 태양전지를 이용한 붐 박스 – 누가 흐린 날에 파티를 하는가?

- blog.makezine.com/2006/05/31/homemade-solar-powered-bo/

태양전지 해바라기

이 태양위치 추적 로봇은 해바라기처럼 태양을 따라 움직인다. 물에 젖지 않게 주의하자!

- www.instructables.com/id/E8UMC79GJAEP286WF5/

유기 LED를 이용한 발전

유기 LED! 미래에 많이 듣게 될 단어이다! 전기로부터 빛을 낼 뿐만 아니라, 이 똑똑한 장치는 빛으로부터 전력을 생산할 수 있는 잠재력을 가지고 있다.

- www.ecogeek.org/content/view/242

태양전지 스쿠터

집에서 만든 태양에너지 스쿠터로 1000마일을 주행하다. 스쿠터를 타자!

- www.treehugger.com/files/2005/09/diy_eco-tech_ti.php

태양전지 네트워킹

콜로라도 볼더에서의 태양전지를 이용한 무선 네트워크에 대한 재미있는 기사! 이것이 인터넷의 미래일까?

- www.internetnews.com/wireless/article.php/3525941

태양전지 자전거 전등

자전거는 대기 중으로 이산화탄소를 배출하지 않는 지속가능한 운송 수단이다. 한 단계 더 나아가 전지로 자전거 전등을 켜기보다는 태양에너지를 이용해서 자전거 전등을 켜 보자. 멋진 아이디어다!

- www.creekcats.com/pnprice/Bike05-Pages/bikelight.html

태양전지 핸드백

숙녀를 위하여 영국의 브루넬 대학의 똑똑한 여학생이 디자인한 태양전지 핸드백. 태양전지 판은 배터리를 충전하여 백이 열렸을 때 안에서 빛이 난다. 열쇠를 잃어버릴 일이 없다! 루이비통은 아무것도 아니다!

- news.bbc.co.uk/2/hi/technology/4268644.stm

태양전지 개미 박멸기

잔인하겠지만 (이것은 미국인권협회로부터의 편지를 회피하기 위한 선언이다.) 태양전지를 이용한 개미 박멸기는 침입자에 대한 답이 될 수 있다.

- www.americaninventorspot.com/backyard_solar_energy

태양전지를 장착한 토요타의 프리우스

배터리의 경제성을 높이기 위하여 자동차에 태양전지를 추가로 장착. 개조된 토요타 프리우스!

- www.treehugger.com/files/2005/08/solar-powered_t.php

홀로그래픽 태양전지

파장을 집중시키기 위해 홀로그래픽 광학을 적용한 태양전지 판에 대해 알아보자.

- www.prismsolar.com/

10가지의 기묘한 태양 장치

이 블로그는 아이디어를 자극하는 흥미로운 생각을 제공한다. 10가지의 가장 기묘한 태양 장치. 11번째의 발명에 도전해 보겠는가?

- www.techeblog.com/index.php/tech-gadget/top-10-strangest-solar-gadgets

하이드 파크의 태양전지 보트

영국 런던의 하이드 파크의 수로에 있는 태양전지 여객선. 얼마나 창의적인가! 약 15 m의 길이에 지붕에는 27개의 태양전지 판이 있다.

- www.usatoday.com/tech/science/2006-07-18-solar-ferry_x.htm?csp=34

태양전지 백팩

에베레스트를 등반하는 동안 태양전지로 컴퓨터를 충전하라! 이제 모두가 알게 될 것이다.

- www.rewarestore.com/product/020010003.html

태양전지 벽돌

밤에 빛을 낼 수 있는 LED를 장치한 태양전지 벽돌 – 참신한 아이디어!

- www.solar-led-lights.cn/content/solar-power-sun-brick

거대한 태양열 발전용 굴뚝

공기를 데우기 위해 거대한 온실을 사용하고, 더운 공기의 상승을 이용하여 발전을 하기 위해 오스트레일리아에서 전력을 만들기 위한 엄청나게 큰 굴뚝을 제안하였다. 굴뚝의 높이는 약 48 m이다!

- www.enviromission.com.au/EVM/content/technology_technologyover.html

Nanosolar사—인쇄기술을 이용한 태양전지

만일 구글의 창업자인 레리 페이지와 세르게이 브린이 돈을 여기에 투자한다면 이것은 큰 사업이라는 것을 알 수 있다. Nanosolar사는 단순한 인쇄기술을 이용하여 값싼 태양전지를 많이 만드는데 목적을 두고 있는 벤처 회사이다.

- nanosolar.com/index.html

💬 APPENDIX B : 판매처 목록

여러 가지 물품

Alternative Energy Hobby Store

Dennis Baker

49732 Chilliwack Central RD

Chilliwack BC, V2P 6H3

Canada

Tel: 1-604-819-6353

Fax: 1-604-794-7680

Dennis@AltEnergyHobbyStore.com

www.altenergyhobbystore.com/Edu-cation_solar_books.htm

Arizona Solar Center

c/o Janus II-Environmental Architects

4309 E. Marion Way

Phoenix AZ 85018

USA

solar@azsolarcenter.com

www.azsolarcenter.com/bookstore/reviews.html

Centre for Alternative Technology Mail

Order

Machynlleth

Powys

SY20 9AZ

UK

Kentucky Solar Living

Tel: 1-859-200-5516

kentuckysolar@ipro.net

Silicon Solar

Direct Sales

Tel: 1-800-653-8540 (Mon~Fri 8 am~4 pm EST)

Fax: 1-866-746-5508

Tampa Bay, FL

Tel: 1-727-230-9995

Fort Worth, TX

Tel: 1-817-350-4667

San Diego, CA

Tel: 1-858-605-1727

www.siliconsolar.com/solar-books.php

Solar Electric Light Fund

1612 K Street, NW Suite 402

Washington DC 20006

USA

Tel: 1-202-234-7265 (8:30 am~6 pm EST)

info@self.org

www.self.org/books.asp

태양열 엔진용 물 마시는 새

The Drinking Bird

Tel: 1-800-296-5408

www.thedrinkingbird.com/

HobbyTron.com

1053 South 1675 West

Orem UT 84058

USA

Tel: 1-801-434-7664

Toll-free: 1-800-494-1778

www.hobbytron.com/.html

Niagara Square

7555 Montrose Road

Niagara Falls ON, L2H 2E9

Canada

Tel: 1-905-354-7536

Fax: 1-905-354-7536

Science eStore

5318 E 2nd Street #530

Long Beach CA 90803

USA

www.physlink.com/eStore

1-888-438-9867

11am -8pm EST

이 책의 프로젝트에 필요한 전자부품

Electromail/RS Components

RS Components Ltd

Birchington Road, Corby

Northants NN17 9RS

UK

Orderline: 44-(0)-8457-201201

www.rswww.com

Maplin Electronics Ltd.

National Distribution Centre

Valley Road

Wombwell, Barnsley

South Yorkshire S73 0BS

UK

www.maplin.co.uk

Radio Shack

300 RadioShack Circle

MS EF-7.105

Fort Worth TX 76102

USA

Tel: 1-800-843-7422

Rapid Electronics Ltd.

Severalls Lane

Colchester

Essex CO4 5JS

UK

Tel: 44-(0)-1206-751166

Fax: 44-(0)-1206-751188

sales@rapidelec.co.uk

www.rapidelectronics.co.uk/

프레넬 렌즈와 포물선형 거울

Alltronics

PO Box 730

Morgan Hill CA 95038-0730

USA

Tel: 1-408-778-3868

www.alltronics.com

Anchor Optical Surplus

101 East Gloucester Pike

Barrington NJ 08007-1380

USA

Fax: 1-856-546-1965

Edmund Optics Inc.

101 East Gloucester Pike

Barrington NJ 08007-1380

USA

Tel: 1-800-363-1992

Fax: 1-856-573-6295

Science Kit & Boreal Laboratories

777 E. Park Drive

PO Box 5003

Tonawanda NY 14150

USA

Tel: 1-800-828-7777

Fax: 1-800-828-3299

www.sciencekit.com

TEP

International Manufacturing Centre

University of Warwick

Coventry CV4 7AL

UK

인버터와 전력조절기

Omnion Power Engineering

2010 Energy Drive

PO Box 879

East Troy WI 53120

USA

Tel: 1-262-642-7200 or 1-262-642-7760

www.sandc.com/omnion/home.htm

Real Goods

360 Interlocken Blvd, Ste 300

Broomfield CO 80021-3440

13771 So. Highway 101

PO Box 836

Hopland CA 95449

USA

Tel: 1-800-919-2400

www.realgoods.com

광화학 태양전지의 부품

ICE, the Institute for Chemical Education

University of Wisconsin-Madison

Department of Chemistry

1101 University Avenue

Madison WI 53706-1396

USA

Tel: 1-608-262-3033 or 1-800-991-5534

Fax: 1-608-265-8094

ICE@chem.wisc.edu

건물용 태양전지

Flagsol

Flachglas Solartechnik GmBH

Muhlengasse 7

D-50667 Cologne

Germany

Tel: 49-(0)-221-257-3811

Fax: 49-(0)-221-258-1117

Schüco International

Whitehall Avenue, Kingston

Milton Keynes MK10 0AL

UK

Tel: 44-(0)-1908-282111

Fax: 44-(0)-1908-282124

태양전지 모듈

Advanced Photovoltaics Systems

PO Box 7093

Princeton

NJ 08543-7093

USA

Tel: 1-609-275-0599

BP Solar International

PO Box 191, Chertsey Road

Sunbury-on-Thames

Middlesex TW16 7XA

UK

Tel: 44-(0)-1932-779543

Fax: 44-(0)-1932-762533

Kyocera

8611 Balboa Avenue

San Diego CA 92123

USA

Tel: 1-619-576-2647

Siemens Solar Industries

PO Box 6032

Camarillo CA 93010

USA

Tel: 1-805-698-4200

Solarex Corporation

630 Solarex Court

Fredrick MD 21701

USA

Tel: 1-301-698-4200

Solec International

52 East Magnolia Boulevard

Burbank CA 91502

USA

Tel: 1-213-849-6401

태양전지 판의 구조물과 고정 장치

Kee Industrial Products Inc.

100 Stradtman Street

Buffalo NY 14206

USA

Tel: 1-716-896-4949

Toll-free: 1-800-851-5181

Fax: 1-716-896-5696

info@keeklamp.com

Kee Klamp GmbH

Voltenseestrasse 22

D-60388 Frankfurt/Main

Germany

Tel: 49-(0)-6109-5012-0

Fax: 49-(0)-6109-5012-20

vertrieb@keeklamp.com

Kee Klamp Limited

1 Boulton Road

Reading

Berks RG2 0NH

UK

Tel: 44-(0)-118-931-1022

Fax: 44(0)-118-931-1146

sales@keeklamp.com

Leveleg

8606 Commerce Ave

San Diego CA 92121-2654

USA

Tel: 1-619-271-6240

Poulek Solar Ltd.

Velvarska 9

CZ-16000 Prague

Czech Republic

Tel: 42-(0)-603-342-719

Fax: 42-(0)-224-312-981

www.solar-trackers.com

Science Connection

50 East Coast Road, #02-57

Singapore 428769

Tel: 65-65-68966

Fax: 65-623-44589

www.scienceconnection.com/Tech_

advanced.htm

Wattsun

Array Technologies Inc.

3312 Stanford NE

Albuquerque NM 87107

USA

Tel: 1-505-881-7567

Fax: 1-505-881-7572

sales@wattsun.com

www.wattsun.com

Zomeworks

PO Box 25805

1011A Sawmill Road

Albuquerque NM 87125

USA

Tel: 1-800-279-6342 or 1-505-242-5354

Fax: 1-505-243-5187

zomework@zomeworks.com

태양전지 컨트롤러/온도 표시기/ 계측 장비

HAWCO Ltd, Industrial Sales

The Wharf, Abbey Mill Business Park

Lower Eashing

Surrey GU7 2QN

UK

Tel: 44-(0)-870-850-3850

Fax: 44-0)-870-850-3851

sales@hawco.co.uk

Raydan Ltd.

The Sussex Innovation Centre

Science Park Square

Falmer, Brighton

Sussex BN1 9SB

UK

Tel: +44-(0)-1273-704442

Fax: +44-(0)-1273-704443

sales@raydan.com

태양열을 이용한 수영장 난방설비 제조업체

Heliocol

13620 49th Street North

Clearwater FL 33762

USA

Tel: 1-727-572-6655 or 1-800-79-SOLAR

(1-800-797-6527)

www.heliocol.com/

Imagination Solar Limited

10-12 Picton Street

Montpelier

Bristol BS6 5QA

UK

Tel: 44-(0)-845-458-3168

Fax: 44-(0)-117-942-0164

enquiries@imaginationsolar.com

Solar Industries Solar Pool Heating

Systems

1940 Rutgers University Boulevard

Lakewood NJ 08701

USA

Tel: 1-800-227-7657

Fax: 1-732-905-9899

www.solarindustries.com/

Solar Twin Ltd.

2nd Floor, 50 Watergate Street

Chester CH1 2LA

UK

Tel: 44-(0)-1244- 403407

hi@solartwin.com

www.solartwin.com/pools.htm

태양 로봇 제조 업체

Solarbotics Ltd.

201 35th Ave NE

Calgary AB, T2E 2K5

Canada

Tel: 1-403-232-6268

N. America toll-free: 1-866-276-2687

더 많은 정보를 얻을 수 있는 곳

American BioEnergy Association

314 Massachusetts Avenue, NE

Suite 200

Washington DC 20002

USA

www.biomass.org

American Council for an Energy Efficient

Economy

1001 Connecticut Avenue, Suite 801

Washington DC 20036

USA

www.aceee.org

American Solar Energy Society (ASES)

2400 Central Avenue, Suite G-1

Boulder CO 80301

USA

Tel: 1-303-442-3130

Fax: 1-303-443-3212

ases@ases.org

www.ases.org

California Energy Commission

1516 Ninth Street

Sacramento CA

USA

Tel: 1-958-145-512, 1-800-555-7794, or

1-916-654-4058

www.energy.ca.go

Center for Excellence in Sustainable

Development

US Department of Energy, Denver Regional Office

1617 Cole Boulevard

Golden CO 80401

USA

Fax: 1-302-275-4830

Energy Efficiency and Renewable Energy

Clearinghouse (EREC)

PO Box 3048

Merrifield VA 22116

USA

Tel: 1-800-DOE-EREC or 1-800-363-3732

Fax: 1-703-893-0400

Doe.erec@nciinc.com

Florida Solar Energy Center (FSEC)

1679 Clearlake Road

Cocoa FL 32922

USA

Tel: 1-407-638-1000

Fax: 1-407-638-1010

info@fsec.ucf.edu

www.fsec.ucf.edu

Home Power Magazine

PO Box 520

Ashland OR 97520

USA

Tel: 1-800-707-6585

www.homepower.com

NASA Earth Solar Data

eosweb.larc.nasa.gov/sse/

National Biodiesel Board

3337a Emerald Lane

PO Box 104898

Jefferson City MO 65110-4898

USA

National Center for Appropriate Technology

3040 Continental Drive

Butte MT 59701

USA

Tel: 1-406-494-4572

National Renewable Energy Laboratory

1617 Cole Boulevard

Golden CO 80401-3393

USA

Tel: 1-303-275-3000

webmaster@nrel.gov

www.nrel.gov

North Carolina Solar Center

Box 7401

North Carolina State University

Raleigh NC 27695-7401

USA

Tel: 1-800-33-NCSUN

Fax: 1-919-515-5778

ncsun@ncsu.edu

www.ncsc.ncsu.edu

Northeast Sustainable Energy Association

50 Miles Street

Greenfield MA 01301

USA

Rocky Mountain Institute

1739 Snowmass Creek Road

Snowmass CO 81654-9199

USA

Sandia National Laboratory — California

PO Box 969

Livermore CA 94551

USA

Tel: 1-925-294-2447

Sandia National Laboratory — New Mexico

PO Box 5800

Albuquerque NM 87185

USA

Tel: 1-505-844-8066

webmaster@sandia.gov

www.sandia.gov

Solar Electric Light Fund

1612K Street NW, Suite 402

Washington DC 20006

USA

Solar Energy Industries Association

1111 N. 19th Street

Suite 260

Arlington VA 22209

USA

Tel: 1-703-248-0702

Fax: 1-703-248-0714

info@seia.org

www.seia.org/Default.htm

Solar Energy International

PO Box 715

Carbondale CO 81623

USA

Tel: 1-970-963-8855

Fax: 1-970-963-8866

sei@solarenergy.org

Centre for Alternative Technology
Canolfan y Dechnoleg Amgen

Free Catalogue and 10% off Your First Order

Request a copy of *Buy Green By Mail* and receive 10% off your first order. Send in this voucher with your order or quote CATSEPEG with your order by phone.

Voucher
Buy Green By Mail, Centre for Alternative Technology, Machynlleth, Powys, SY20 9AZ, UK. Orderline +44(0)1654 705959 mail.order@cat.org.uk www.cat.org.uk/shopping

Terms and Conditions

This voucher can only be used towards payment for books and products from the Mail Order Department. It may not be redeemed for Cash. Offer ends 31st December 2009.

Centre for Alternative Technology
Canolfan y Dechnoleg Amgen